丹沢大山国定公園・県立丹沢大山自然公園

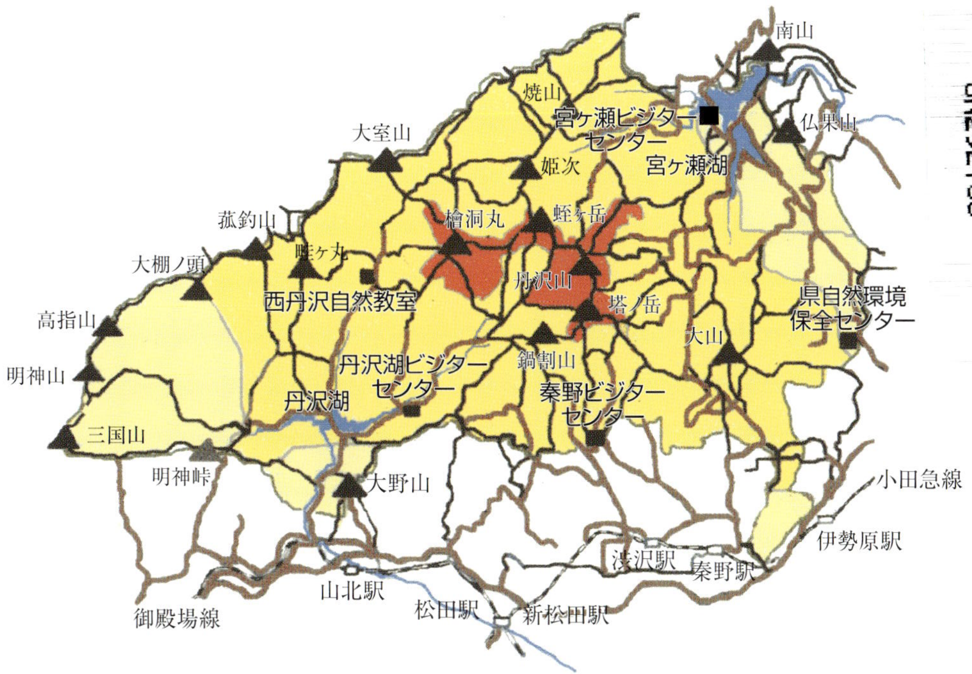

かながわの
山に咲く花

編集：神奈川県自然公園指導員連絡会
協力：神奈川県自然環境保全センター

はじめに

　本書は、神奈川県自然公園指導員連絡会の有志の方々に参加いただき、県内の標高500m以上の山を対象に、アプローチを含む登山口から山頂までに咲いている花を平成19年から20年にかけて撮影・記録し、ハンディー図鑑として纏(まと)めたものです。
　これらの山々は、ほとんどが箱根山地、丹沢山地、小仏山地の三つの山地にあり、県の自然公園に指定されております。順に富士箱根伊豆国立公園（箱根地域）、県立奥湯河原自然公園、丹沢大山国定公園、県立丹沢大山自然公園、県立陣馬相模湖自然公園となっています。
　私たち公園指導員は、日々これらの自然公園を巡視しており、花に出会うチャンスも多いのですが、その全てを記録することは言うまでもなく不可能です。今回、写真に収めた中には貴重な花と共に、帰化植物を含む丘陵地や人里近くで見られる花も多く含まれています。これらお馴染みの花々が、どの位の標高まで分布域を広めているのか、是非、本書で確かめてみてください。
　今回撮影に使ったカメラはコンパクトなデジタルカメラでしたので、山歩きには大助かりでしたが、慣れるまでに時間がかかり、又、被写体の花が必ずしも見栄えの良い花とは限らないので二重に苦労しました。必ずしも満足できる写真ばかりではなかったことが心残りです。
　スタート時から、また困難な時に懇切丁寧にご指導下さり、また原稿に目を通し、貴重なアドヴァイスや初歩的な間違いをご指摘下さった勝山輝男氏（県立生命の星・地球博物館学芸員）、田村淳氏（県自然環境保全センター主任研究員）のお二人には心から感謝申し上げます。各ビジターセンターや丹沢の山小屋の皆さまにお世話になりましたこと、また様々な情報をいただきましたことを御礼申し上げます。
　神奈川県内の山々を歩かれる方々には、是非、花に関心を持っていただき、優しく見守り、その環境保全の為にちょっと気を配って頂ければと思います。消えてしまった花が自然復活し、一昔前のような花咲く豊かな山々になることを心から願い本書を編集しました。

　　　　　　　　　　　　　　　神奈川県自然公園指導員連絡会
　　　　　　　　　　　　　　　編集責任者：馬場　紀一

本図鑑の発刊にあたって

　平成元年、神奈川県知事の委嘱による「神奈川県自然公園指導員」が公募されてから20年が経過しました。「神奈川県自然公園指導員連絡会」は、指導員の横の繋がりを重視することが必要だと考えた有志の集まりで組織されました。会員から、創立20周年を記念した事業を何か考えようとの発言があり、提案として、会員が制作する記念の書籍を発刊しようとプロジェクトを立ち上げ、神奈川の山地植物写真集『かながわの山に咲く花』が企画されたのです。企画してはや3年が経過、発刊することの出来ることは喜びです。

　神奈川の自然公園（山地）を歩くこと、登山にいたっては延べ数百回になりました。コンセプトは、会員が自然公園を巡視して、自分の足で、自分の目で、観て、撮って、記録することにあります。写真は会員の実写です。全部デジカメで撮りました。

　ご協力を頂いた、神奈川県自然環境保全センター、県立ビジターセンター、県立生命の星・地球博物館、丹沢の山小屋の方々、皆様方に心から感謝し、御礼申し上げます。

　本図鑑が、自然を愛する人、花を愛する人、山を愛する人、自然環境の保全等に努力されている皆様方、県自然公園指導員に少しでもお役に立つことができればと祈ります。

　平成21年初夏

神奈川県自然公園指導員連絡会
代表　渡邊　吉一

目　次

はじめに……………………………………………………………… 3
本図鑑の発刊にあたって…………………………………………… 4
本書の使い方………………………………………………………… 6
用語の解説と図解…………………………………………………… 8

草の花・春
　白・緑色の花……………………………………………………14～49
　黄色の花…………………………………………………………50～62
　赤・紫・橙色・青色の花………………………………………63～78
　茶・その他の花色………………………………………………79～86
　スミレ……………………………………………………………87～96

草の花・夏
　白・緑色の花 …………………………………………………97～125
　黄色の花………………………………………………………126～133
　赤・紫・橙色・青色の花……………………………………134～153
　茶・その他の花色……………………………………………154～157

草の花・秋
　白・緑色の花…………………………………………………158～178
　黄色の花………………………………………………………179～187
　赤・紫・橙色・青色の花……………………………………188～210
　茶・その他の花色……………………………………………211～212

樹の花
　白・緑色の花…………………………………………………213～244
　黄色の花………………………………………………………245～251
　赤・紫・橙色・青色の花……………………………………252～263
　茶・その他の花色……………………………………………264～266
　カエデ…………………………………………………………267～275

和名索引 …………………………………………………………276
学名索引 …………………………………………………………285
参考文献 …………………………………………………………293
あとがき …………………………………………………………294

本書の使い方

　本書は、春、夏、秋、樹木の4節に分け、更に花の色別、開花順にしてあります。しかし、季節別、色別、開花順といってもその中間的なものも多くあり、また科・属で纏める必要もあり、順番を決めるのにはとても迷いました。是非幅広く探していただきたいと思います。

色区分したインデックスについて：
− 白色系：白、緑の花の他に、例え別の色が入っていても花全体の印象が白っぽいものは含めた。
− 黄色系：黄色の花
− 赤〜青系：赤、紫、橙、青色の花
− 茶・その他：茶・褐色などの変わった色の花や、例えばテンナンショウ属のような変わった花などを纏めてあります。
− スミレやカエデは分類するとかえってわかりづらくなるので、スミレは春の最後に、カエデは樹木の最後にそれぞれ一つに纏めてあります。

　見出しについては和名、学名、その下に漢字名、科名、属名の順に並べてあります。解説・記述については『神植誌2001』（『神奈川県植物誌2001』の略）の内容を第1優先とし、見たい場所がすぐ分るように、タイトルに色をつけ、出来るだけ箇条書きにしてあります。

− 高さ：草本は茎または花茎の高さでcm表示。樹木およびつる性木本は樹高としmで表示してあります。
− 葉　：葉のつき方（対生か互生か、他）、複葉（3出複葉か羽状複葉か、他）、小葉の特長（全縁か鋸歯があるか無いか、他）の順に表示。
− 花　：色、花序、花冠、その他の特徴、果実の順に表示。

－分布：県内
　　　　県外　北：北海道
　　　　　　　本：本州
　　　　　　　四：四国
　　　　　　　九：九州
　　　　国外
　　　　の分布を出来るだけ入れました。
　　　　当初、県内、県外の分布は山名や山域を入れましたが、とても入り切れないので、県外については、4区域に分けました。
－生育地：山地に咲く花が基準ですので限られた表現となっています。
－花期：全ての花の時期を調べることは不可能です。神奈川県内の標準的な花期としました。
－メモ：別名、絶滅危惧種、日本固有種、フォッサ・マグナ要素の植物、等の有無。写真掲載できなかった同属の花や関連する花を記述。また花に関連する様々な話を書きましたので気楽に読んで下さい。

　もっと詳しく知りたいと思われた方、また疑問をもたれた方は、必ず専門書等でより詳しく調べていただくようお願いいたします。
　本書は山歩きされる方々のお供として、携帯に便利なように小図鑑とし、また新案特許の製本でハンディながら開きやすくなっています。

用語と略語、及び植物用語

用語
- 『神植誌2001』:『神奈川県植物誌2001』
- 『神RDB2006』:『神奈川県レッドデータ生物調査報告書2006』
- 絶滅危惧種:『神奈川県レッドデータ生物調査報告書2006』
　　絶滅危惧ⅠA類:ごく近い将来に野生絶滅の危険性が極めて高い
　　絶滅危惧ⅠB類:近い将来に野生絶滅の危険性が極めて高い
　　絶滅危惧Ⅱ類　:絶滅の危険が増大している種
　　準絶滅危惧　　:存続基盤が脆弱な種
- フォッサ・マグナ要素の植物:富士・箱根・伊豆に特有な植物群。
- 日本固有種:分布域が日本国内に限られている種。

略語
- 北:北海道
- 本:本州
- 四:四国
- 九:九州
- 東ア:アジアの東部(日本、朝鮮、中国を含む地域)
- 東南ア:アジアの東南部(ベトナム、カンボジア、他)
- 北ア:北アメリカ

植物用語
- ほふくし枝(匍匐枝、匐枝、ストロン):地上茎の基部から出て地表に伸びる枝で、節がありそこで根を下ろし、葉や花序を伸ばす。
- 走出枝(ランナー):ほふくし枝と同じように地表をはって伸びるが、節から根を下ろさずに先端の芽からだけ子株をつくる。

葉のつき方

互生
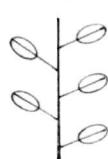

対生
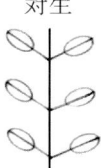

輪生
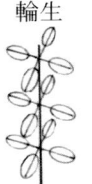

根生
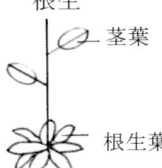
茎葉
根生葉

翼のある
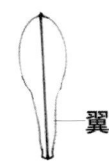
翼

茎に流れる

茎を抱く
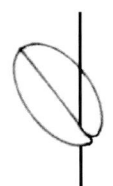

複葉

掌状複葉

3出複葉

2〜3回3出複葉

奇数羽状複葉
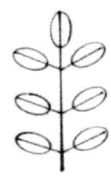

偶数羽状複葉
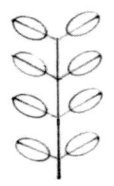

2〜3回羽状複葉
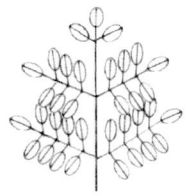

葉の形

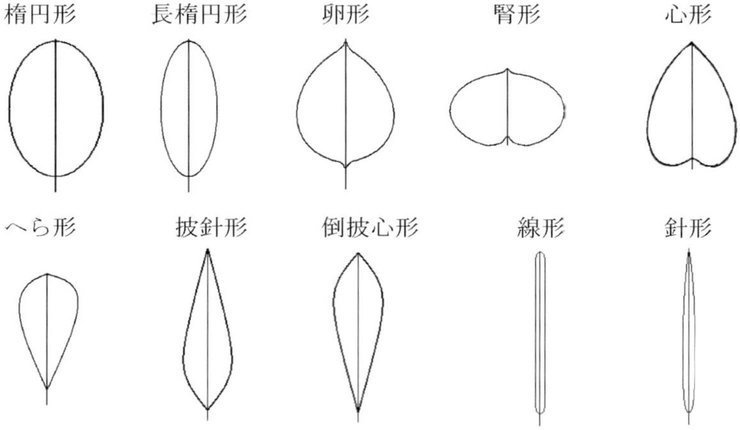

| 楕円形 | 長楕円形 | 卵形 | 腎形 | 心形 |

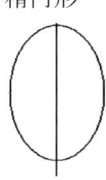 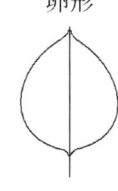 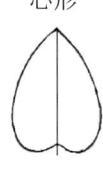

| へら形 | 披針形 | 倒披心形 | 線形 | 針形 |

 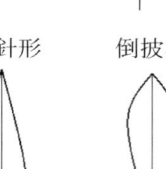 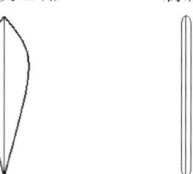 

葉のふちの形

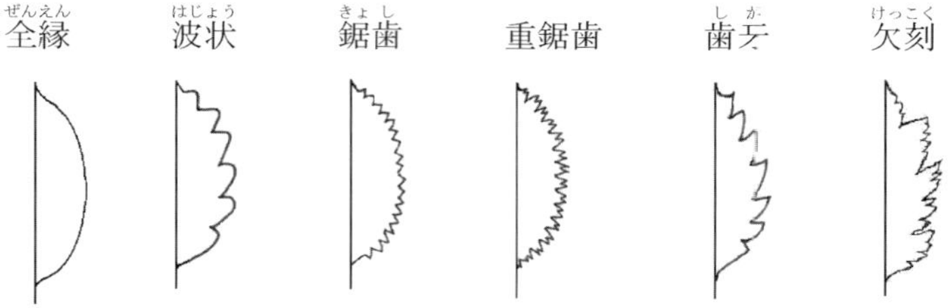

| 全縁 | 波状 | 鋸歯 | 重鋸歯 | 歯芽 | 欠刻 |
| ぜんえん | はじょう | きょし | | しが | けっこく |

葉の基部の形

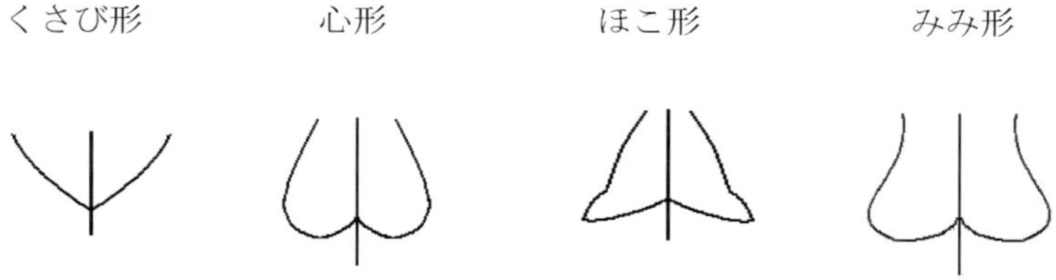

| くさび形 | 心形 | ほこ形 | みみ形 |

 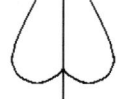  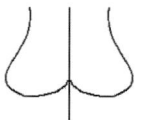

花序

総状 穂状 円錐状 集散状

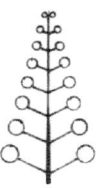   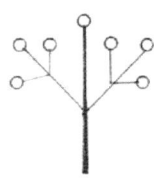

散房状 散形状 複散形状

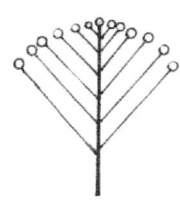 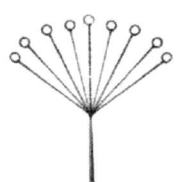 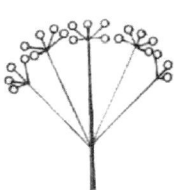

果実

液果 核果 翼果 豆果

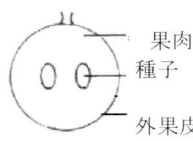  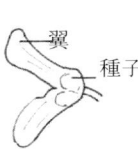 

さく果 節果 袋果 そう果

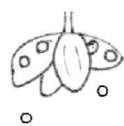   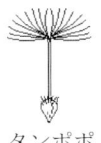

ツリバナ ヌスビトハギ ミツバアケビ タンポポ

花冠の形

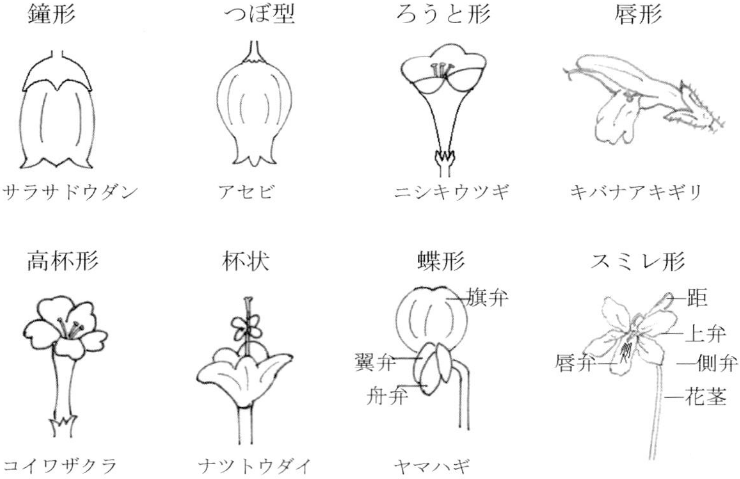

鐘形	つぼ型	ろうと形	唇形
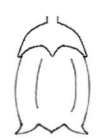			
サラサドウダン	アセビ	ニシキウツギ	キバナアキギリ

高杯形	杯状	蝶形	スミレ形

コイワザクラ	ナツトウダイ	ヤマハギ	

キク科の花

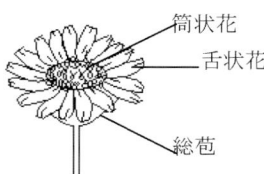  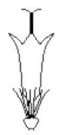

筒状花　舌状花　総苞　　　舌状花　　　筒状花

装飾花と有性花　　サトイモ科の花

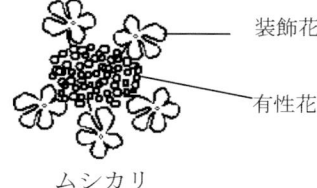  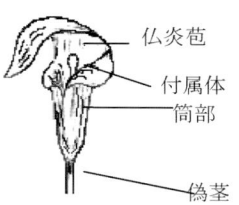

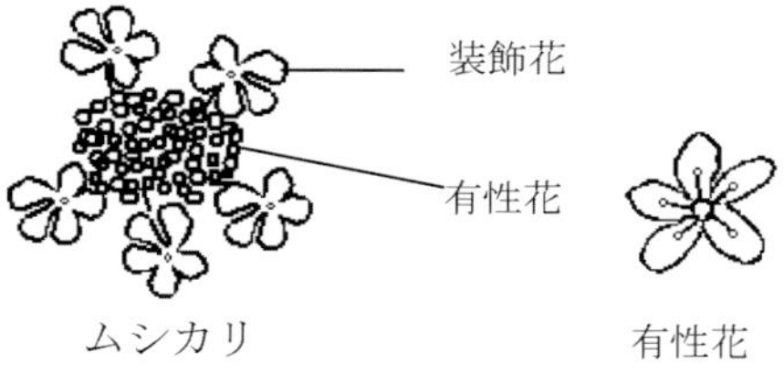

ムシカリ　　　　　有性花

かながわの
山に咲く花

キクザキイチゲ Anemone pseudo altaica
（菊咲一華）－キンポウゲ科、イチリンソウ属

白色系

西丹沢・ピンク色

高さ：10～20cm
葉：3個輪生。3出複葉。羽状に深裂し、鋸歯がある。
花：白、青、ピンク色。茎頂に3cm程の花を1個つける。花弁状の萼片は8～13個。
分布：県内：丹沢、箱根／県外：北、本（近畿以北）
生育地：林内
花期：3～5月
メモ：別名キクザキイチリンソウ

子供の頃、降り注ぐ天の川の輝きを、都会でも見ることが出来た。何時の日からか、それは人工の明かりに変わっていった。それでもオリオン座のペテルギウスやリゲル、ひと際明るくまぶしいシリウス等の一等星を垣間見ることがある。早春、敷き詰められた落ち葉の中に、まさに一等星の輝きを放っている花があった。キクザキイチゲの春を喜ぶ笑顔だった。

西丹沢・青色

西丹沢・白色

箱根

春

ウスギオウレン Coptis lutescens
（薄黄黄蓮）－キンポウゲ科、オウレン属

高さ：10～20cm
葉：1～3回3出複葉。セリの葉のように切れ込む。
花：全体に白っぽく見えるが花色は淡い黄色。ガク片は線状披針形で花弁より長い。
分布：県内：丹沢、箱根／県外：東京、山梨、静岡、長野
生育地：林床
花期：2～4月
メモ：早春、山道沿いに積もった落ち葉の布団から顔を出していました。繊細で小さな花なので踏みつけられないか心配です。

白色系

バイカオウレン Coptis quinquefolia
（梅花黄蓮）－キンポウゲ科、オウレン属

果実

高さ：4～15cm
花茎は褐色を帯びる。根茎は横に這い走出枝を出す。
葉：根生葉。鳥足状複葉。小葉は5個。厚い光沢のある倒卵形で、3浅裂し、鋭い鋸歯がある。
花：白色。白い花は花弁ではなくガク片。小さくて黄色いのが花弁。花径は1.2～1.8cm。果実は袋果。
分布：県内：箱根／県外：本（福島県以南）、四
生育地：林内
花期：4～5月
メモ：別名ゴカヨウオウレン 絶滅危惧ⅠB類。日本固有種。

春

ヒメウズ Aquilegia adoxoides
（姫烏頭） －キンポウゲ科、オダマキ属

白色系

大倉尾根

高さ：20〜40cm
葉：根生葉は3出複葉。茎の葉は小さく、短い柄がある。
花：白色〜淡紅色。径5mmほど。外側の花弁状に見えるのはガク片で、花弁は筒状。
分布：県内：全域／県外：本（関東以西）、四、九／国外：朝鮮、中国
生育地：草地
花期：3〜5月
メモ：小さくて可愛いらしい花です。中をのぞくとオダマキの花にそっくりです。烏頭はトリカブトのことをいう。小さな実（袋果）が、その実にそっくり－『野草の名前』。

ヤマシャクヤク Paeonia japonica
（山芍薬） －キンポウゲ科、ボタン属

切通峠

高さ：40〜50cm
葉：互生。2回3出複葉。倒卵形。
花：白色。花弁は5〜7個。花茎5cmほどで、茎頂に1個上向きに咲く。雌しべ3個の柱頭は短く、少し曲がる。果実は袋果。
分布：県内：丹沢、箱根、小仏山地／県外：本（関東以西）、四、九／国外：朝鮮
生育地：林内、林縁
花期：4〜6月
メモ：シャクヤクという和名は、中国名の「芍薬」に由来する－『植物の世界』。花弁が淡紅色のものは別種のベニバナヤマシャクヤク Paeonia obovata。

春

ニリンソウ Anemone flaccida
(二輪草) －キンポウゲ科、イチリンソウ属

白色系

高さ：15～25cm
葉：3個輪生。柄は無く深く切れ込む。
花：白色。花弁の様に見えるのはガク片で5～7個つく。花は普通2個つくが、ときに1～3個つく。果実は楕円形のそう果。
分布：県内：丘陵地にやや普通／県外：北、本、四、九／
国外：朝鮮、中国、サハリン、ウスリー
生育地：林縁
花期：4～6月
メモ：一輪咲き、二輪咲き、三輪咲き全て輪生葉に柄がありませんが、よく似たイチリンソウには長い柄が、又サンリンソウにも（県内に自生せず）短い柄があります。キンポウゲ科の植物には有毒のものが多く、このニリンソウは例外として昔から山菜として食べられています。イチリンソウやサンリンソウは食べられません。特に芽だしの葉がよく似ているヤマトリカブトの葉は有毒なので要注意。
＊ガクの裏側が淡紅色を帯びることがある。県内の標高500m以下の山で、ピンク色をした花が多数咲いていた。

春

白色系

シロバナハンショウヅル Clematis williamsii
（白花半鐘蔓）－キンポウゲ科、センニンソウ属

石老山

高さ：草本状の木本性つる植物
葉：3出複葉。長い柄がある。小葉は卵形で欠刻状の鋸歯がある。白毛が多い。
花：白色～淡黄白色。広鐘形。花弁状のガク片は4個で外面有毛。雌しべは多数ありほぼ同長。果実は扁平なそう果。
分布：県内：丹沢・箱根山麓、三浦／県外：本（関東南部～近畿地方太平洋側）、四、九
生育地：林縁
花期：4～6月
メモ：東丹沢の500mを僅かに超える山で以前見られたが、この年（平成20年）、花は無かった。刈られてしまったのだろうか。

トリガタハンショウヅル Clematis tosaensis
（鳥形半鐘蔓）－キンポウゲ科、センニンソウ属

西丹沢

高さ：草本状の木本性つる植物
葉：3出複葉
花：淡黄白色。鐘形。花弁状のガク片は4個で、先は少し半曲する。外面に毛が多い。
花柄は葉柄より短い。
分布：県内：丹沢、箱根／県外：本、四
生育地：林縁
花期：5～6月
メモ：牧野富太郎氏がこの花を初めて発見したという鳥形山（高知県）は、今はその姿を変え山頂付近は平らになっている。そういえば秩父の武甲山も同じだ。ともに石灰岩の採掘で山容は日々変貌している。

春

ツルシロカネソウ Dichocarpum stoloniferum
（蔓白銀草）－キンポウゲ科、シロカネソウ属

蛭ヶ岳

高さ：10〜20cm
葉：茎葉は対生。頂小葉は菱状卵形で、葉の長さは幅より長い。
花：白色。花弁状のガク片は5個。直径は1.5cm ほど。
分布：県内：丹沢、箱根の一部／県外：本（神奈川〜奈良県の太平洋側）
生育地：林内
花期：5〜8月
メモ：別名シロカネソウ

白色系

ハコネシロカネソウ Dichocarpum hakonense
（箱根白銀草）－キンポウゲ科、シロカネソウ属

高さ：10〜20cm
葉：茎葉は対生。頂小葉は菱状卵形で、葉の長さは幅と同じ位。
花：白色。花弁状のガク片は5個。直径は7mm ほど。
分布：県内：箱根／県外：本（神奈川、静岡県）
生育地：林縁
花期：4〜6月
メモ：準絶滅危惧

トウゴクサバノオ Dichocarpum trachyspermum
（東国鯖の尾）－キンポウゲ科、シロカネソウ属

大山

高さ：10〜20cm
葉：茎葉は対生。小葉は卵形。
花：淡黄白色。花弁状のガク片は5個。直径は6〜8mm。
分布：県内：丹沢、箱根／県外：本（宮城以南）、四、九
生育地：湿り気のある林縁。
花期：4〜5月
メモ：和名は果実がサバの尾に似ていることから。

春

ハナネコノメ Chrysosplenium album var. stamineum
（花猫の目）－ユキノシタ科、ネコノメソウ属

同角の頭

高さ：5～10cm
暗紫色を帯び白毛を密生。
葉：扇状円形。半円形の鋸歯が5個ほどある。
花：白色。葯に暗紅色で、突き出る。
分布：県内：丹沢、箱根、小仏山地／県外：本（福島～京都）
生育地：林内
花期：3～5月

ヤマネコノメソウ Chrysosplenium japonicum
（山猫の目草）－ユキノシタ科、ネコノメソウ属

玄倉林道

高さ：10～20cm
葉：根生葉は円形。茎葉は長柄の円形で互生。
花：淡黄緑色。ガク裂片は平開する。雄しべは8個で葯は黄色。
分布：県内：高所を除く全域／県外：北、本、四、九／国外：朝鮮、中国
生育地：湿った林内
花期：3～4月

ネコノメソウ Chrysosplenium grayanum
（猫の目草）－ユキノシタ科、ネコノメソウ属

同角の頭

高さ：5～20cm
葉：対生。卵円形。
花：淡黄色。ガク裂片は直立する。雄しべは4個で葯は淡黄色。
分布：県内：丹沢、箱根、三浦、多摩丘陵／県外：北、本、
生育地：湿った林内
花期：4～5月
メモ：別名ミズネコノメソウ

ユキノシタ Saxifraga stolonifera
（雪の下）－ユキノシタ科、ユキノシタ属

高さ：20〜50cm
走出枝を出す。
葉：円形。表面は毛が多く暗紅色で主脈は灰白色。裏面は紅紫色。
花：白色。集散花序。5弁花。上側の3個は小さく、ピンク色を帯び濃紅色の斑紋と基部に濃黄色の斑点がある。
分布：県内：丹沢、箱根の高所を除き全域／県外：本、四、九／国外：中国
生育地：湿った岩上
花期：5〜6月
メモ：古い時代に中国から渡来した。和名は諸説あり不明。

白色系

ハルユキノシタ Saxifraga nipponica
（春雪の下）－ユキノシタ科、ユキノシタ属

高さ：20〜30cm
走出枝は出さない。
葉：円形。緑色でつやがあり表面は無毛。縁は浅く13〜17個に裂ける。
花：白色。集散花序。5弁花。上側の3個は小さく花弁基部に黄色い斑点がある。
分布：県内：東〜北丹沢／県外：本（関東、中部、近畿）
生育地：湿った岩上
花期：4〜5月
メモ：日本固有種

春

タネツケバナ Cardamine flexuosa
（種漬花）－アブラナ科，タネツケバナ属

駒ケ岳

高さ：10～30cm
茎は紫色で毛がある。
葉：奇数羽状複葉。頂小葉は側小葉よりやや大きく、側小葉は普通4対以上。
花：白色。総状花序。4弁花。
分布：県内：全域に普通／県外：北、本、四、九／国外：北半球の温帯
生育地：田、水辺、野原。
花期：3～6月
メモ：由来に就いて、種籾を水につける頃に咲くからではなく、タネがやたらと飛び、あちこちでやたらと繁殖することから－『野草の名前』。

オオバタネツケバナ Cardamine scutata
（大葉種漬花）－アブラナ科，タネツケバナ属

西丹沢・白石沢

高さ：20～40cm
茎は紫色にならず無毛
葉：奇数羽状複葉。頂小葉は側小葉よりかなり大きい。側小葉は2～3対。
花：白色。総状花序。4弁花。
分布：県内：全域に普通／県外：北、本、四、九／国外：朝鮮、中国
生育地：渓流沿い
花期：3～6月
メモ：辛味があり、山菜として食用される。

白色系

春

ミツバコンロンソウ Cardamine anemonoides
（三葉崑崙草） －アブラナ科、タネツケバナ属

西丹沢

高さ：10～20cm
茎には稜があり無毛。
葉：3出複葉の葉が三つつき、小葉は卵状披針形で粗い鋸歯がある。
花：白色。総状花序に少数の花をつける。花弁は4個で、雄しべは6個。
分布：県内：丹沢、箱根／県外：本（関東以西）、四、九
生育地：林縁や林床
花期：4～5月
メモ：ヒロハコンロンソウは3～4対の羽状複葉で、葉柄の基部は茎を抱く。

白色系

マルバコンロンソウ Cardamine tanakae
（丸葉崑崙草） －アブラナ科、タネツケバナ属

大倉尾根

高さ：7～20cm
果実を含め全体に毛が多い。
葉：頭大羽状複葉。小葉は円心形で3～7個。
花：白色。総状花序に少数の花をつける。花弁は4個で、雄しべは6個。
分布：県内：丹沢、箱根、小仏山地周辺／県外：本、四、九／
国外：中国、朝鮮
生育地：林縁や林床
花期：4～5月
メモ：和名の崑崙草については決め手が無くはっきりしない。

春

ヤマハタザオ Arabis hirsuta
（山旗竿）－アブラナ科、ハタザオ属

丹沢

高さ：30～80cm
茎は直立し、下部に毛がある。
葉：茎葉は披針形で基部は茎を抱く。根生葉はさじ形でロゼット状。茎葉、根生葉ともに縁には波状の鋸歯がある。
花：白色。総状花序。花弁は4個。果実は長角果。
分布：県内：全域／
県外：北、本、四、九／
国外：北半球に広く分布。
生育地：日当たりの良い草地
花期：5～7月
メモ：旗竿の名は真っすぐ伸びる茎の姿から。尚、ハタザオの葉は披針形で全縁。基部はやじり形で茎を抱く。

シコクハタザオ Arabis serrata var. shikokiana
（四国旗竿）－アブラナ科、ハタザオ属

石棚山

高さ：30～40cm
葉：茎葉は楕円形で基部は茎を抱く。根生葉はロゼット状で長い柄を持つ。茎葉、根生葉ともに縁には粗い鋸歯がある。
花：白色。総状花序。花弁は4個。
分布：県内：丹沢／県外：本（関東以西）、四、九
生育地：岩場に多い
花期：4～5月
メモ：丹沢の山を歩いていると、このシコクハタザオを見ることが多い。茎は旗竿状にはならない。

ユリワサビ Wasabia tenuis
（百合山葵）－アブラナ科、ワサビ属

切通峠

高さ：10～30cm
葉：茎葉は小さく互生。根生葉は長い柄を持つ卵円形～腎円形で、波状の鋸歯がある。
花：白色。茎頂から総状花序を出す。花弁は4個。果実は長角果。
分布：県内：丹沢、小仏山地及び箱根周辺／県外：北、本、四、九
生育地：林内や林縁
花期：3～5月

白色系

メモ：和名の百合について；茎の基部が残存し、ユリの鱗茎のようになることから－『牧野新日本植物図鑑』。これに対し、あまりユリの鱗茎に似ているとは思われない。鹿児島県の方言で'柔らかい'ことを'ゆり'とあり、柔らかいワサビの意と解したい－『植物和名の語原』。葉はちょっぴり辛いそうです。

ハルトラノオ Bistorta tenuicaulis
（春虎の尾）－タデ科、イブキトラノオ属

箱根・三国山

高さ：5～15cm
葉：根生葉は卵円形。縁は全縁で先は尖る。茎葉は1～2個。
花：白色。総状花序。花弁状の白いガクは5深裂する。雄しべは8個で花被より長い。赤く見えるのは葯。果実は3稜形のそう果。
分布：県内：箱根／県外：本、四、九
生育地：林内
花期：4～5月
メモ：地中から僅かに顔を出していた姿からは、どう見ても虎の尾を想像することは出来なかった。

春

ナベワリ Croomia heterosepala
（舐め割り）－ビャクブ科、ナベワリ属

高さ：30〜60cm
葉：互生。卵状楕円形。縁は波上。縦脈が目立つ。
花：黄緑色。葉腋から細い花柄を垂らし下向きの花をつける。花弁4個のうち、外側の1個が大きい。
分布：県内：丹沢（南部にまれ）、箱根／県外：本（関東南部以西）、四、九
生育地：林内
花期：4〜5月
メモ：試したことはありませんが、有毒植物なので舐めると舌が割れるようになるとのことです。

センボンヤリ Leibnitzia anandria
（千本槍）－キク科、センボンヤリ属

高さ：70〜80cm
葉：ロゼット状。春は卵形、秋は卵状長楕円形。
花：春は舌状花（白色）と筒状花（黄色）、秋は閉鎖花をつける。果実はそう果で褐色の冠毛がある。
分布：県内：広く分布／県外：北、本、四、九／国外：東アジア東北部
生育地：草地
花期：4〜6、9〜11月
メモ：秋になると、長く伸びた花茎の先に槍の穂先のような閉鎖花をつけます。ほんとに槍のように見えます。千本は数が多いの意。

ミミナグサ Cerastium fontanum
(耳菜草) －ナデシコ科、ミミナグサ属

鉄砲木ノ頭

高さ：10～30cm
茎は帯紫色で、短毛や腺毛がある。
葉：対生。卵形～長楕円状。
花：白色。集散花序。花弁は5個で先端は2浅裂する。花弁とガク片はほぼ同長。花柄はガク片より長い。果実はさく果。
分布：県内：全域／県外：北、本、四、九／国外：朝鮮、中国、インド、樺太
生育地：草地
花期：4～6月
メモ：和名の耳は対生する葉がねずみなど動物の耳に似ているから－『野草の名前』。

白色系

オランダミミナグサ Cerastium glomeratum
(和蘭耳菜草) －ナデシコ科、ミミナグサ属

大倉尾根・標高1,300m 付近

高さ：10～30cm
茎は黄緑色。全体に軟毛と腺毛が多い。
葉：対生。卵形～長楕円状。
花：白色。集散花序。花弁は5個で先端は2浅裂する。花弁とガク片はほぼ同長。花柄はガク片より短いか同長。
分布：県内：丹沢、箱根の高所を除く全域／県外：本、四、九／国外：ヨーロッパ、北アフリカ、アジア、南北アメリカ
生育地：日当たりの良い草地
花期：4～6月
メモ：ヨーロッパ原産の帰化植物。

春

ワチガイソウ Pseudostellaria heterantha
（輪違草）－ナデシコ科、ワチガイソウ属

丹沢・三国山

高さ：5～15cm
葉：対生。倒披針形。
花：白色。5弁花。葯は紫色。花柄、ガクともに有毛。上部の葉腋から花柄を出し花をつける。
分布：県内：丹沢／県外：本（福島以南）、四、九／国外：中国
生育地：林下
花期：4～6月
メモ：牧野富太郎によれば、昔この草の名称が不明であったときに、鉢植えに無名であるとの標識として「輪違い」の符号（◎）を付けておいたことから、この名が生じたという－『植物の世界』。

アライトツメクサ Sagina procumbens
（不明）－ナデシコ科、ツメクサ属

高さ：10cmほど
全体に小型で無毛。
葉：対生。線形。長さ1cmほど。
花：薄緑色。4弁花。花弁は無くガク片で、花茎4mmほど。
分布：県内：箱根、清川村、海老名市、相模原市、横浜市／県外：北、本（青森）／国外：北半球に広く分布
生育地：草地
花期：5～7月
メモ：ヨーロッパ原産の帰化植物。

ヒトリシズカ Chloranthus japonicus
（一人静）－センリョウ科、チャラン属

高さ：20～30cm
茎は直立し、赤紫色を帯び、膜質の鱗片葉がつく。
葉：十字対生。円形～楕円形。光沢があり縁に鋸歯がある。
花：白色は雄しべ。花弁とガクはない。雄しべの基部に黄色い葯がある。
果実は核果。
分布：県内：丹沢、箱根の高地を除き広く分布／
県外：北、本、四、九／国外：朝鮮、中国東北部、サハリン、アムール
生育地：林内、草地
花期：4～5月

白色系

ヒトリシズカが一つポツンと立っていると、どこか静御前の寂しい雰囲気を感じるが、写真ように多数群れていると、巴御前が活躍した戦場を思わせる。

フタリシズカ Chloranthus serratus
（二人静）－センリョウ科、チャラン属

高さ：30～50cm
葉：2～3対が対生。楕円形。縁に細かい鋸歯がある。
花：白色。花穂は普通2個だが、1個だけ、また3～4個つくものも多い。
分布：県内：全域／
県外：北、本、四、九／
国外：朝鮮、中国、サハリン
生育地：林内
花期：4～6月
メモ：陣馬山で、花穂が沢山かたまっているのを見た。数えたら何と7個もついていた。

春

コミヤマカタバミ Oxalis acetosella
（小深山傍食）－カタバミ科、カタバミ属

白色系

高さ：10cm ほど。花茎は葉柄より長い。カタバミと異なり、地下に根茎が発達し、地上茎は出来ない。
葉：長い柄の先にハート型の小葉が3個つく。小葉は倒心形で角は丸みを帯び、葉裏に軟毛がまばらにある。
花：白色。少しピンクを帯びるものもある。花茎の先端に、直径2～3cmの花を一個つける。花弁は5個で、基部に黄色い斑が入る。また、脈が淡紅色を帯びることがある。雄しべは10個、花柱は5個。果実は卵球形のさく果で毛が密生する。
分布：県内：丹沢／県外：北、本（中国地方を除く）、四、九／国外：北半球北部
生育地：林内／花期：5～6月
メモ：絶滅危惧ⅠB類
見分け方として、葉の角の丸みのチェックが一番と思っていたが、実際にはカントウミヤマカタバミの中にも、結構丸みのあるものもあり、又小さいものもあり、当初はかなり誤認をしてしまった。生育場所がはっきり違っている場所を選び、かつ、花弁基部の黄色い斑を確認することではっきりした。

春

カントウミヤマカタバミ Oxalis griffithii var. kantoensis
（関東深山傍食）－カタバミ科、カタバミ属

箱根・標高900m 付近

高さ：10cm ほど
葉：やや角張った三角形。葉裏と葉柄に軟毛がある。
花：白色。花茎は有毛。果実は卵形のさく果。
分布：県内：丹沢、箱根、小仏山地／県外：関東南西部、伊豆、東海地方
生育地：林内
花期：3〜4月
メモ：県内には生育しない母種のミヤマカタバミに似るが、葉裏の毛が少ないこと、また果実がやや小さいことから区分されている。

白色系

カテンソウ Nanocnide japonica
（花点草）－イラクサ科、カテンソウ属

大野山

高さ：10〜30cm。雌雄同株。走出枝を出す。
葉：互生。菱形広卵形。ふちに鈍い鋸歯がある。
花：白色。雄花序には柄があり、雌花序には無い。果実は痩果。
分布：県内：丹沢南側山麓〜大磯丘陵、小仏山地、三浦半島／県外：本、四、九／国外：台湾、中国、朝鮮
生育地：林下
花期：4〜5月
メモ：一つ一つの雄花（花粉）が点のように見えるので花点草－『野草の名前』。

春

ウワバミソウ Elatostema umbellatum var. majus
（蟒蛇草）－イラクサ科、ウワバミソウ属

大山

高さ：30～40cm
茎は無毛で多汁。
葉：ゆがんだ長楕円形。先は尾状にのび、粗い鋸歯は6～11対。
花：緑白色。雄花序には柄があり、雌花序にはない。果実は卵形のそう果。
分布：県内：丹沢、箱根、小仏山地、三浦半島／県外：北、本、四、九／国外：中国
生育地：湿った山の斜面
花期：4～9月
メモ：ミズとかミズナと呼ばれ、山菜として食されている。

ヒメウワバミソウ Elatostema umbellatum var. umbellatum
（姫蟒蛇草）－イラクサ科、ウワバミソウ属

箱根・標高1,300m付近

高さ：20～30cm
ウワバミソウより小型。
葉：ふちの粗い鋸歯は5対以下。
花：緑白色。雄花序には柄があるが、雌花序にはない。果実は卵形のそう果。
分布：県内：箱根、丹沢（少ない）／県外：本（関東以西）、四、九
生育地：湿った山の斜面
花期：3～5月
メモ：和名は蟒蛇（うわばみ）の出そうなところに生えているから、といいますが、どこもヘビ一匹出てきませんでした。

イワセントウソウ Pternopetalum tanakae
（岩仙洞草）－セリ科、イワセントウソウ属

丹沢・標高1,400m付近

白色系

4月に入ってから、何度も箱根に足を運びましたが、この年はイワセントウソウを見ることが出来ませんでした。6月に入り、丹沢へ行ってみました。標高1,400m付近の山道脇に、背丈10cmほどの、見るからにか細い感じのイワセントウソウが群れていました。うっかり入り込むと踏み潰してしまいそうでした。まさに'立入禁止'区域でした。
ちょっと離れた場所から、撮らざるを得なかったので、デジカメではこれが精一杯で、花のアップ写真は撮れませんでした。

高さ：5～20cm
葉：茎の葉は線形の羽状複葉で、普通1個つける。根生葉は1～2個つき、2回三出羽状複葉で小葉は長い柄のある倒卵形。
花：白色。茎頂で散形花序をつけ、先端に小さな花をつける。
果実は長卵形で、長さ2mmほど。
分布：県内：丹沢、箱根／県外：本、四、九／国外：朝鮮、中国
生育地：林床
花期：5～6月
メモ："セントウソウ"の由来に、①"先頭"説：春に先頭をきって咲く、②"尖頭"説：葉の先が尖る、③"仙洞"説：人里離れた仙人の住むような場所に自生する－『野草の名前』、といろいろあるそうですが、どれもみな考えられそうです。しかし、昔と違って、今は先頭を切って咲く花は他にもあり、又、仙人の住むような場所を探すのも大変難しくなっていると思います。

春

白色系

セントウソウ Chamaele decumbens
（仙洞草）－セリ科、セントウソウ属

高さ：10～30cm
葉：根生。1～3回3出複葉。
花：白色。複散形花序。5弁花。
雄しべは花弁より長い。
分布：県内：三浦半島を除く全域／県外：北、本、四、九
生育地：林内、林縁
花期：4～5月
メモ：日本固有種
セントウソウの葉にはかなり形態の違いがありました。

シロバナノヘビイチゴ Fragaria nipponica
（白花の蛇苺）－バラ科、オランダイチゴ属

高さ：10cm ほど
走出枝は長く地上を這う。
葉：根生し長い柄の先に三個つける。小葉は楕円形で、縁に鋸歯があり、側脈が目立つ。裏面に伏毛がある。
花：白色。花茎は有毛。直径約2cm。花弁とガク片は5個。雄しべと雌しべは多数。果実はそう果。
分布：県内：丹沢／県外：本、九（屋久島）／国外：朝鮮（済州島）、サハリン
生育地：林縁、草地、岩礫地
花　期：5～6月
メモ：別名モリイチゴ
赤い実は甘いそうです。

春

ツルカノコソウ Valeriana flaccidissima
(蔓鹿の子草) －オミナエシ科，カノコソウ属

高さ：20〜40cm
葉：対生。羽状。頂小葉は大。波状の鋸歯がある。
花：白色だが僅かに赤みを帯びる。散房花序。花冠は筒状で先端は5裂する。果実はそう果。
分布：県内：全域／県外：本、四、九／国外：台湾
生育地：湿った草地
花期：4〜5月
メモ：赤みを帯びた花の様子が'鹿の子絞り'の模様に似ていることから。別名ハルオミナエシの名のあるカノコソウは神奈川県では絶滅種。

白色系

大野山

ドクダミ Houttuynia cordata
(毒溜、毒痛、蕺草) －ドクダミ科、ドクダミ属

高さ：30〜50cm
托葉を除き無毛。
葉：互生。心形。柄があり基部に托葉がある。
花：黄色。穂状。雌しべと雄しべからなる。花序の下に白く見えるのは総苞片で4個。
分布：県内：高地を除く全域／県外：本、四、九／国外：中国、ヒマラヤ、東南ア
生育地：半日陰の草地
花期：5〜6月
メモ：独特の悪臭から毒溜の名を付けられたとの事。しかし乾燥すると悪臭は消える。薬効があり今でも広く利用されている。

箱根（長尾山）・標高1,000m付近

春

ヤマムグラ Galium pogonanthum
（山葎）－アカネ科、ヤエムグラ属

白色系

大山

高さ：10～40cm
茎は細く無毛。
葉：4個輪生。広線形。一対ずつ大きさが異なる。
花：淡緑色。花冠は4裂し、花径1.5mmほど。外面に白毛がある。
分布：県内：全域／県外：本、四、九
生育地：林内
花期：5～6月
メモ：葉は一目瞭然ですが、花は小さすぎて外面の毛を見るのに一苦労でした。もちろんルーペが無いと見えません。

ヨツバムグラ Galium trachyspermum
（四葉葎）－アカネ科、ヤエムグラ属

三国峠・標高1,100m付近

高さ：10～40cm
茎は細く無毛。
葉：4個輪生。楕円形～卵形。長さはほぼ同長。葉裏と縁に白毛がある。
花：淡緑色。花冠は4裂し、花径1mmほど。小花柄は短く長さ1～3mm。
分布：県内：全域／県外：北、本、四、九／国外：東南ア
生育地：林内、草地
花期：5～6月
メモ：弱々しい感じですが、丹沢主脈の日高あたりでも見かけます。環境への適応能力はすごいですね。

春

シロバナイナモリソウ Pseudopyxis heterophylla
（白花稲森草）－アカネ科，イナモリソウ属

箱根

高さ：10〜30cm
茎に2列の軟毛がある。
葉：対生。柄のある卵形〜三角状卵形。裏面脈上に軟毛がある。
花：白色。雄しべと雌しべは花冠から突き出る。果実はさく果。
分布：県内：丹沢、箱根／県外：関東〜近畿地方の太平洋側。
生育地：林内
花期：5〜7月

白色系

メモ：和名のイナモリ（稲森）は三重県菰野山の奥深い稲森谷で見つかったことから。東丹沢〜小仏山地にかけて見られるイナモリソウは雄しべが花筒から突き出ない。

ヘクソカズラ Paederia scandens
（屁糞葛）－アカネ科、ヘクソカズラ属

乙女峠・標高1,000m付近

高さ：つる性
葉：披針形〜広卵形。
花：白色。花冠の先は5裂し、筒部の内面は赤色。果実は球形の核果。
分布：県内：全域／県外：北、本、四、九
生育地：林縁
花期：4〜5月
メモ：別名ヤイトバナ万葉集に'葛花に這ひおほどれる糞葛、絶えることなく宮使へせむ'（16-3855）とあり、クソカズラの名が出てくる。今も昔も連想することは同じですね。更に、屁がついたのは何時頃からでしょうか。

春

タニギキョウ Peracarpa carnosa var. circaeoides
（谷桔梗）－キキョウ科、タニギキョウ属

白色系

箱根

高さ：5～15cm。茎は無毛で、地を這い立ち上がる。
葉：互生（最上部は対生または輪生）。卵円形～楕円形。柄がありふちに粗い鋸歯があり、表面に短毛が生える。下部に小さな披針形の葉が互生する。
花：白色～僅かに紅色。花冠はロート状で5深裂する。花弁中央に紅紫のすじがある。果実は細長い楕円形のさく果。
分布：県内：丹沢、箱根、三浦／県外：北、本、四、九／国外：東アジア（朝鮮、中国、千島、サハリン、カムチャッカ）
生育地：谷沿いや湿った林内。
花期：4～8月
メモ：この花は白く一円玉より小さいものが多いので、かたまって咲いていないと、気がつかず通り越してしまうことがある。たまたま目にしても一瞬何という花か思い出せないこともある。とても品のある端正な花です。是非ルーペで花をのぞいてみて下さい。

春

クワガタソウ Veronica miqueliana
（鍬形草）－ゴマノハグサ科、クワガタソウ属

高さ：10〜20cm
茎に屈毛がある。
葉：対生。卵形で上部のほうが大きい。
花：白色〜淡紅紫色。4個の花びらは、ばらばらではなく合着している。花冠に紅紫色のすじが入る。果実は扁平なさく果。
分布：県内：丹沢、箱根、小仏山地／県外：本州（東北南部〜関東、中部、紀伊半島）
生育地：林縁、林内
花期：5〜6月
メモ：果実とガクが兜と鍬形にそっくりですね。

白色系

丹沢

透き通った白い花色

丹沢

紅紫色の濃い花色

丹沢

春

白色系 春

ハルジオン Erigeron philadelphicus
（春紫苑）－キク科、アズマギク属

高さ：30～100cm
茎は中空。全体に軟毛がある。
葉：根生葉はへら状長楕円形で花時まで残る。茎葉は互生し、長楕円形で茎を抱く。
花：筒状花に黄色、舌状花は白色～淡紅色。頭状花で、花茎は2cmほど。蕾のとき頭花は下向きに垂れる。
分布：県内：全域／県外：全国／国外：北アメリカ、東アジアの温帯～熱帯に分布。
生育地：林縁、草地
花期：4～8月
メモ：別名ハルシオン、ハルジョオン
北アメリカ原産の帰化植物。

明神峠

ヒメジョオン Stenactis annuus
（姫女苑）－キク科、ヒメジョオン属

茎は中実。全体にやや粗い毛がある。
葉：根生葉は長い柄のある卵形で、花時には枯れる。茎葉は広楕円形で茎を抱かない。
花：筒状花は黄色、舌状花は白色～淡紫色。頭状花で、花茎は2cmほど
分布：県内：全域／県外：全国／国外：北ア、ユーラシア
生育地：林縁、草地
花期：6～10月
メモ：北アメリカ原産の帰化植物。

駒ケ岳

シロツメクサ Trifolium repens
（白詰草）－マメ科、シャジクソウ属

高さ：10～30cm
葉：互生。3小葉（稀に4小葉）。広卵形。両面無毛。
花：白色。球状の総状花序。蝶形花が多数集まる。
分布：県内：全域／県外：北、本、四、九
生育地：林縁、草地
花期：4～9月
メモ：別名クローバー。ヨーロッパ原産の帰化植物。飼料や山菜として利用。また、キリスト教の三位一体のシンボルとして、四つ葉を十字架に見立て幸福のシンボルとして、とても人気のある花です。

白色系

臼ノ岳

オオバコ Plantago asiatica
（大葉子）－オオバコ科、オオバコ属

高さ：10～20cm
葉：根生葉。卵形～広卵形。数本の脈が目立つ。
花：白色。穂状。
分布：県内：全域／県外：北、本、四、九／国外：東ア、東シベリア、インドシナ、マレーシア
生育地：草地、荒地
花期：5～10月
メモ：県内のオオバコ属は7種－『神植誌2001』。オオバコとトウオオバコの2種は在来種。残りの5種は外来種。オオバコは県内の何処の山でも見ますが、外来種は山登りが嫌いらしくまだ見ていない。

蛭ヶ岳山頂

春

ツクシショウジョウバカマ Heloniopsis orientalis ssp. breviscapa
（筑紫猩猩袴） －ユリ科、ショウジョウバカマ属

高さ：10〜30cm。果実期に花茎は大きく伸長する。
葉：根生葉。倒披針形でふちは細かく波打つ。この葉は越冬し、春に花茎を伸ばす。
花：白色〜ピンク色。花茎の先に2〜6個。果実はさく果。
分布：県内：丹沢、箱根／県外：関東以西（紀伊半島を除く）、四、九
生育地：湿った草地や岩場
花期：3〜4月
メモ：従来シロバナショウジョウバカマとされていましたが、最新の研究により関東南部に分布するものはツクシショウジョウバカマと分りました。

箱根

ノビル Allium macrostemon
（野蒜） －ユリ科、ネギ属

高さ：40〜70cm
茎は中空。
葉：根生葉。柔らかい線状。
花：白紫色。散形花序。花被片は6個。雄しべは長く突き出る。つぼみのときは総苞につつまれる。
分布：県内：全域／県外：北、本、四、九／国外：朝鮮、中国
生育地：日当りの良い草地
花期：5〜6月
メモ：花序の一部または全部の花がムカゴに変り、開花する個体が少ない－『神植誌2001』。

丹沢・くぬぎ山

白色系

春

チゴユリ Disporum smilacinum
（稚児百合）－ユリ科、チゴユリ属

高さ：15～40cm
葉：互生。長楕円形。
花：白色。鐘形。茎頂に1～2個。横又は下向きで、平開する。果実は液果で黒く熟す。
分布：県内：丹沢、箱根、小仏山地、他／県外：北、本、四、九／国外：朝鮮、中国
生育地：林内
花期：4～5月

陣馬山

白色系

ホウチャクソウ Disporum sessile
（宝鐸草）－ユリ科、チゴユリ属

高さ：30～60cm
葉：互生。長楕円形。
花：緑・白色。筒状。枝先に1～2個垂れ下がる。
果実は液果で黒く熟す。
分布：県内：全域／
県外：北、本、四、九／
国外：朝鮮、中国、サハリン
生育地：林内
花期：4～5月

石老山

ナルコユリ Polygonatum falcatum
（鳴子百合）－ユリ科、アマドコロ属

高さ：30～60cm。茎は円柱。
葉：互生。広披針形。
花：淡黄緑色。筒状。葉腋に3～4個垂れ下がる。
分布：県内：全域／県外：本、四、九／国外：朝鮮、中国
生育地：林内、草地
花期：5～6月
メモ：良く似たアマドコロは茎に稜がある。

ナルコユリ 湯坂路　アマドコロ 大野山

春

クルマバツクバネソウ Paris verticillata
（車葉衝羽根草） －ユリ科、ツクバネソウ属

高さ：20～40cm
葉：6～8個輪生。狭長楕円形～広楕円形。先は尖る。
花：緑色。茎頂に直径4～6cmの花を一個つける。緑色の外花被片は披針形で4個。黄緑色の内花被片4個は糸状で、下方に湾曲する。雄しべは8～10個。
果実は黒紫色の液果。
分布：県内：丹沢、箱根／県外：北、本、四、九／国外：中国、朝鮮、千島、サハリン、シベリア
生育地：林内
花期：4～5月
メモ：絶滅危惧ⅠA類

ツクバネソウ Paris tetraphylla
（衝羽根草） －ユリ科、ツクバネソウ属

高さ：20～40cm
葉：4個輪生。長楕円形。
花：緑色。柱頭は4裂する。雄しべは8個。緑色の外花被片は披針形で4個。内花被はない。
果実は黒紫色の液果。
分布：県内：丹沢、箱根／県外：北、本、四、九
生育地：林内
花期：5～6月
メモ：和名の'ツクバネ'は黒い実の姿が羽根突きの羽子（ムクロジの実を使う）に似ることから－『野草の名前』。

箱根

マイヅルソウ Maianthemum dilatatum
（舞鶴草）－ユリ科、マイヅルソウ属

高さ：5～20cm
葉：卵状～三角状心形で普通2個つく。湾曲した脈が目立つ。
花：白色。総状花序。花被片は4個。果実は球形の液果で、熟すと赤くなるが、熟す前は茶色の斑紋がある。
分布：県内：丹沢、箱根／県外：北、本、四、九／国外：朝鮮、アムール、千島、サハリン、シベリア、カムチャッカ、北米
生育地：林内
花期：5～6月
メモ：和名は'2枚の葉を空に舞う鶴に例えた'と言う他に、4枚の白い花びらが後ろに反転するその姿が大空に舞う姿に見えるから、と言う説もある－『野草の名前』。

丹沢主脈

白色系

シロバナエンレイソウ Trillium tschonoskii
（白花延齢草）－ユリ科、エンレイソウ属

高さ：20～40cm
葉：茎頂に3個輪生。広卵状菱形。柄は無く葉先は尖り網状の脈が目立つ。
花：白色。横向きに一個つける。外花被片は3個で緑色、内花被片は3個で白色。花弁とガク片はほぼ同じ長さ。
果実は球形の液果。
分布：県内：丹沢、箱根、小仏山地／県外：北、本、四、九／国外：朝鮮、中国、サハリン
生育地：林内
花期：4～5月
メモ：別名ミヤマエンレイソウ

西丹沢

花弁とガク片はほぼ同じ長さ。
花弁、ガク片、葉はともに3個ずつ。

春

ユキザサ Smilacina japonica
（雪笹）－ユリ科、ユキザサ属

高さ：20〜60cm
根茎は太く地中を這う。
葉：2列互生。長楕円形。葉裏は有毛。葉は4〜7個。ササの葉に似る。
花：白色。円錐花序。6弁花。花被片は狭楕円形。花序には毛が密生。
果実は液果。
分布：県内：丹沢／県外：北、本、四、九／国外：朝鮮、中国、シベリア東部
生育地：林内
花期：5〜6月
メモ：ユキザサが大きな集団を作っているのをまだ見たことはない。

切通峠

ハルナユキザサ Smilacina robusta
（榛名雪笹）－ユリ科、ユキザサ属

高さ：50〜100cm
ユキザサに比べ大型。
葉：2列互生。長楕円形。表面有毛。葉は11〜13個。
花：濃紫色。
分布：県内：丹沢／県外：本（関東、中部地方）／国外：朝鮮、中国
生育地：林内
花期：6月
メモ：絶滅危惧ⅠB類
牧野富太郎と本田正次によって群馬県の榛名山で初めて発見された－『植物の世界』。

白色系

春

シュンラン Cymbidium goeringii
（春蘭）－ラン科、シュンラン属

陣馬山

高さ：10～20cm
茎の基部は膜状の鱗片葉に包まれる。
葉：線形の細長い葉を叢生する。ふちに細かい鋸歯がある。
花：緑～黄緑色。唇弁は長楕円形で浅く3裂し、白地に濃紅紫色の斑紋がある。ガク片3個と側花弁2個は緑～黄緑色。
分布：県内：疎らに全域／県外：北、本、四、九／国外：朝鮮、中国、台湾
生育地：やや明るい乾燥気味の林内
花期：3～4月

白色系

メモ：別名ホクロ。盗掘のためか、自生種の絶滅が心配されています。自宅の庭で栽培したシュンランの花を砂糖で煮詰め、お菓子として山に持ってくる方もいます。

エビネ Calanthe discolor
（海老根）－ラン科、エビネ属

高さ：30～40cm
花茎に披針形の鱗片葉が1～2個つく。短毛がある。
葉：根生葉。楕円形。
花：ガクと側花弁は普通褐紫色。唇弁は淡紅白色の扇形で3裂し中裂片は先が2裂する。果実は倒卵形のさく果。
分布：県内：全域だが少ない／県外：北（西南部以南）、本、四、九／国外：朝鮮、中国
生育地：林内
花期：4～6月
メモ：絶滅危惧Ⅱ類
花の形や色は分布域により変異が大きいとのことです。和名は地下の連なった球根が海老に似ている事から。

春

ギンラン Cephalanthera erecta var. erecta
（銀蘭）－ラン科、キンラン属

高さ：10〜30cm
葉：3〜6個が互生。長楕円形。無毛で、基部は茎を抱く。
花：白色。茎頂に3〜10個上向きにつく。唇弁の基部は筒状。側花弁はあまり開かない。果実は長楕円形のさく果。
分布：県内：全域／県外：北、本、四、九／国外：朝鮮、中国
生育地：林内、林縁
花期：5〜6月
メモ：一番上の葉が花序より低い。

ササバギンラン Cephalanthera longibracteata
（笹葉銀蘭）－ラン科、キンラン属

高さ：20〜50cm
葉：5〜8個が互生。卵状披針形。基部は茎を抱く。
花：白色。茎頂に疎らに数個上向きにつく。唇弁の基部は筒状。側花弁はあまり開かない。果実は長楕円形のさく果。
分布：県内：全域／県外：北、本、四、九／国外：朝鮮、中国東北部、千島列島
生育地：林内
花期：5〜6月
メモ：一番上の葉が花序より上に出る。

ギンリョウソウ Monotropastrum humile
（銀竜草）－イチヤクソウ科、ギンリョウソウ属

白色系

丹沢・切通峠

高さ：10〜20cm
葉：互生。葉は退化した鱗片葉。
花：白色。花冠は筒状で、裂片は3〜5個。果実は球形の液果。
分布：県内：丹沢、箱根、小仏山地／県外：北、本、四、九、沖縄／国外：東アジア〜ヒマラヤ
生育地：木陰の腐葉土の多い林床。
花期：5〜8月
メモ：別名ユウレイタケ、マルミノギンリョウソウ。葉緑体を持たない腐生植物。子だくさんの大家族のようで、何ともほほえましい。

春

ツルキジムシロ Potentilla storonifera
（蔓雉蓆）－バラ科、キジムシロ属

黄色系

茎：地上に長いほふく枝を出し、節から根を下ろし、葉をつける。
葉：根生葉は3～5個の小葉を持つ奇数羽状複葉。
花：黄色。5弁花。
分布：県内：丹沢、箱根　／県外：北、本、四、九／国外：千島、サハリン、カムチャッカ
生育地：林縁や草地
花期：4～7月
メモ：絶滅危惧ⅠB類

　丹沢で見るのはツルキンバイばかりで、なかなかツルキジムシロと出会えなかった。5月に入り箱根の山に行く。あいにく雷雨となり、雷に追いかけられながらの登山となったが、山頂近くの小さな崖の様な所で、雨に濡れ黄金色に輝く小さな花があった。もしかしたら？と思い葉を見ると間違いなくツルキジムシロだった。
　キジムシロと似ているが、本種は長い走出枝を出し、小葉の数が5個と少なく、下につく2個が小さい。

春

キジムシロ Potentilla sprengeliana
（雉蓆）－バラ科、キジムシロ属

西丹沢・標高1,000m付近

高さ：5〜20cm。花茎は倒れて広がり、ほふく枝は出さない。全体に荒い毛がある。
葉：5〜9個の奇数羽状複葉で、下部の葉ほど小さい。小葉は楕円形。
花：光沢のある黄色。5弁花で、直径1〜1.5cm。果実は卵形のそう果。
分布：県内：丘陵〜山地に普通／県外：北、本、四、九／国外：朝鮮、中国、カムチャッカ、シベリア東部
生育地：向陽の乾いた草地、明るい雑木林や落葉広葉樹林内の林床。
花期：4〜7月
メモ：和名は花後、葉が放射状に大きく広がり、キジが座れるほどになることからつけられたとの事です。実際に、大きくなった株を見た時は、同じキジムシロとは思えませんでした。
　蓆（むしろ）とは敷物であり、座る場所のこと。これをキジの座る場所に例え和名としたのはすごいセンスですね。現在、キジは狩猟用として盛んに放鳥されているため、個体数は多いとの事です。

黄色系

春

黄色系

ミツバツチグリ Potentilla freyniana
（三葉土栗） －バラ科、キジムシロ属

丹沢・標高1,100m付近

高さ：15〜30cm。ほふく枝を伸ばし節から分枝し葉をつける。根茎は太くて硬い。
葉：ほふく枝につく葉は3小葉で根生葉より小さい。しばしば葉裏が紫色を帯びる。
花：黄色。5弁花で花茎1.5〜2cm。
分布：県内：全域／県外：本、四、九／国外：中国東北部、シベリア南東部、朝鮮
生育地：林床
花期：4〜5月
メモ：和名の土栗は西日本に生育するツチグリ（カワラサイコに似る）の根茎に似ることから。山でよく見る星のような形のツチグリはキノコ。

ツルキンバイ Potentilla yokusaiana
（蔓金梅） －バラ科、キジムシロ属

大山

高さ：15〜30cm
ほふく枝を出し、途中の節や先端に葉をつける。
葉：ほふく枝の葉は3小葉で菱状卵形。裏面に伏毛がある。
花：黄色。花茎1.5〜2cmの花を数個つける。
分布：県内：丹沢、箱根／県外：本、四
生育地：林内
花期：4〜6月

春

ヘビイチゴ Duchesnea chrysantha
（蛇苺）－バラ科、ヘビイチゴ属

丹沢山

高さ：10～30cm
葉：根生葉。3小葉。頂小葉は広卵形で鈍頭。
花：黄色。5弁花で、花茎1.5cmほど。副ガク片は花弁よりかなり大きい。熟したそう果は光沢が無く小さな突起がある。
分布：県内：全域／県外：北、本、四、九／国外：中国、東南ア
生育地：林床、草地
花期：4～6月
メモ：ヤブヘビイチゴ Duchesnea indica は葉と花ともに大きく、そう果には光沢があり滑らか。

黄色系

ミヤコグサ Lotus corniculatus var. japonicus
（都草）－マメ科、ミヤコグサ属

箱根・標高700m 付近

高さ：20～30cm。茎は地を這ってのび、無毛。
葉：倒卵状楕円形。小葉は5個で、葉軸の先に3個が、基部に托葉状に2個つく。葉は無毛。
花：鮮黄色。散形花序。唇形花。1～3個つく。
分布：県内：山地の高所を除く全域／県外：北、本、四、九／国外：朝鮮、中国、ヒマラヤ
生育地：草地
花期：5～6月
メモ：ヨーロッパ原産のセイヨウミヤコグサ var. corniculatus は花序に5個前後花がつき、茎、葉、ガクなどに普通毛がある。

春

イワボタン Chrysosplenium macrostemon var. macrostemon
（岩牡丹）－ユキノシタ科、ネコノメソウ属

高さ：3～15cm
花茎は暗紅色を帯びる。
葉：対生。楕円形。基部はくさび形。苞葉は黄色。
花：黄色。苞とガク裂片は黄緑色。雄しべは8個で、ガク片より長く、葯は黄色。
分布：県内：丹沢、箱根／県外：本（関東以西の太平洋側）、四、九
生育地：湿った林内
花期：3～4月
メモ：別名ミヤマネコノメソウ
丹沢に見られるイワネコノメソウは雄しべが萼片の半分ほどで、葉は扇状円形。

高指山

ヨゴレネコノメ Chrysosplenium macrostemon var. atrandrum
（汚れ猫の目）－ユキノシタ科、ネコノメソウ属

高さ：3～15cm
葉：対生。楕円形。基部はくさび形。苞葉は黄色。
花：黄色。
ガク裂片は直立。雄しべは4個になる。開花直後の葯は暗紅色で、成熟すると黒くなる。
分布：県内：丹沢、箱根、小仏山地／県外：本（関東以西の太平洋側）、四、九
生育地：湿った林内
花期：3～4月
メモ：分布域はイワボタンとほぼ同じ様な場所。

切通峠

ウマノアシガタ Ranunculus japonicus
（馬の足形）－キンポウゲ科、キンポウゲ属

高さ：30〜60cm
茎には開出毛が多い。
葉：根生葉は掌状で3〜5中裂。裂片は更に2〜3裂する。茎葉は披針形
花：黄色。5弁花で光沢がある。花茎2cmほど。集合果はまるい。
分布：県内：全域／県外：北（西南部）、本、四、九／
国外：朝鮮、中国
生育地：草地
花期：4〜6月
メモ：別名キンポウゲ 江戸時代に使った'馬わらじ'の足跡にその由来を求めた説－『野草の名前』。

黄色系

ハルザキヤマガラシ Barbarea vulgaris
（春咲山芥子）－アブラナ科、ヤマガラシ属

高さ：30〜80cm
全草無毛。
葉：根生葉は柄がある羽状複葉で、頂小葉は大きい。茎上部の葉は互生で、柄が無く基部は茎を抱く。
花：鮮黄色。4弁花。
分布：県内：各地に疎らに点在／県外：北、本、四、九／国外：ヨーロッパ、北アフリカ、北アメリカ、他温帯に分布
生育地：日の当る草地
花期：4〜6月
メモ：ヨーロッパ原産の帰化植物。

春

黄色系

ミヤマキケマン Corydalis pallida var. tenuis
（深山黄華鬘）－ケシ科、キケマン属

西丹沢・白石沢

高さ：15～50cm
茎は細い。
葉：羽状に切れ込む。
花：黄色。総状花序。筒状で、先は唇状に開く。果実はくびれたさく果。
分布：県内：丹沢、箱根、小仏山地、三浦／県外：本（近畿以北）
生育地：砂礫地、林縁
花期：4～5月
メモ：海岸近くを生育地とするキケマンは、茎が太く葉も大きくて厚ぼったい。和名の華鬘は近縁のケマンソウに由来するとのことですがはっきりしません。

クサノオウ Chelidonium majus
（瘡の王）－ケシ科、クサノオウ属

大野山

高さ：30～80cm
全体に白っぽく見える。
葉：互生。1～2回羽状に裂け、小葉に欠刻がある。
花：黄色。散形花序。花弁は4個で、花茎は2cmほど。果実に細長いさく果。
分布：県内：丹沢や箱根の高所を除く全域／県外：北、本、四、九／国外：朝鮮、中国、サハリン
生育地：林縁、草地
花期：5～7月
メモ：茎に傷をつけると橙黄色の苦い乳液を出す。様々なアルカロイドを含むので口にしないこと。

春

ヒメレンゲ Sedum subtile
（姫蓮華）－ベンケイソウ科、キリンソウ属

高さ：5～15cm
葉：2型あり、花枝の葉は互生で狭倒披針形。無花枝はヘラ形
花：黄色。花序は集散状。5弁花。雄しべは10個、葯は赤褐色。ガクは花弁より短い。
分布：県内：丹沢、箱根／県外：本（関東以西）、四、九
生育地：渓岸の湿った岩上。
花期：4～6月

黄色系

大山

マツノハマンネングサ Sedum hakonense
（松の葉万年草）－ベンケイソウ科、キリンソウ属

高さ：4～8cm。茎は赤色を帯びる。
葉：扁平で線形。
花：黄色。4弁花。
分布：県内：丹沢、箱根／県外：本（関東地方）
生育地：落葉広葉樹の樹幹に着生。
花期：7～8月
メモ：フォッサ・マグナ要素の植物。標高1,000m以上に見られる。
写真で見られるように、主にコケの生えたブナの樹幹に着生している。

丹沢主脈

春

黄色系

エゾタンポポ Taraxacum venustum
（蝦夷蒲公英）－キク科、タンポポ属

高さ：20～30cm
茎は赤みを帯びる。
葉：倒披心形で羽状に深裂。
花：黄色。総苞片は短く、小突起が無く、反転しない。
分布：県内：ヒ沢／
県外：北、本（中部以北）
生育地：尾根付近
花期：3～5月
メモ：中部地方や北海道では普通に生えていても、県内ではほんの一部でしか自生していない貴重なタンポポです。数年来見られなかったが、平成20年思わぬ所で会う事が出来ました。早く絶滅危惧種に指定してほしいと思います。

セイヨウタンポポ Taraxacum officinale
（西洋蒲公英）－キク科、タンポポ属

高さ：30～90cm
葉：根生葉。変異は大きい。
花：黄色。舌状花。総苞外片が反り返るのが特徴。果実はそう果。
分布：県内：全域／
県外：全域
生育地：草地
花期：4～9月
メモ：ヨーロッパ原産の帰化植物。神奈川県の最高峰である蛭ヶ岳で、年々増えている草花のひとつがこのセイヨウタンポポです。カントウタンポポは総苞外片の先端に小突起があり、反り返らない。

蛭ヶ岳山頂
駒ケ岳山頂
カントウタンポポ

春

ハハコグサ Gnaphalium affine
（母小草）－キク科、ハハコグサ属

高さ：15～40cm
全体に綿毛が多く白っぽく見える。
葉：互生。へら形～倒披針形。
根生葉は花期には枯れる。
花：黄色。枝先に小さな頭花を多数付ける。
分布：県内：丹沢／県外：北、本、四、九／国外：朝鮮、中国、マレーシア、インド
生育地：草地
花期：4～5月
メモ：春の草もちといえばヨモギですが、それ以前はこのハハコグサで作っていたといいます。別名オギョウともいい春の七草のひとつ。

黄色系

大倉尾根

オニタビラコ Youngia japonica
（鬼田平子）－キク科、オニタビラコ属

高さ：10～100cm
全体に軟毛が多い。
葉：根生葉。頭大羽状に深裂～浅裂。上部の茎葉は少なく小さい。
花：黄色。複散房花序。花茎は7～8mm。果実はそう果で冠毛がある。
分布：県内：全域／県外：北、本、四、九／国外：朝鮮、中国、東南ア、インド、ミクロネシア、オーストラリア
生育地：林縁、草地
花期：5～10月
メモ：小さいながらもオニタビラコです。

三国山

春

－ 59 －

黄色系

ニガナ Ixeris dentata
（苦菜）－キク科、ニガナ属

丹沢主稜・1,400m 付近

高さ：20〜50cm
葉：茎葉は柄が無く基部は茎を抱く。根生葉は長い柄を持つ倒披針形。時に羽状に切れ込む。
花：黄色。舌状花は5〜7個。
分布：県内：低地〜山地全域／県外：北、本、四、九／国外：中国、朝鮮
生育地：草地に普通
花期：5〜7月
メモ：日本固有種。

ジシバリ Ixeris stolonifera
（地縛り）－キク科、ニガナ属

蛭ヶ岳山頂

高さ：8〜15cm
葉：卵円形。長い柄がある。
花：黄色。頭花は1〜3個。果実は紡錘形のそう果。
分布：県内：低地〜山地全域／県外：北、本、四、九／国外：中国、朝鮮
生育地：裸地に普通
花期：4〜6月
メモ：別名イワニガナ

オオジシバリ Ixeris debilis
（大地縛り）－キク科、ニガナ属

大野山

高さ：10〜45cm
葉：ヘラ状楕円形。
花：黄色。頭花は1〜5個。果実は紡錘形のそう果。
分布：県内：低地〜山地山麓に全域／県外：北、本、四、九／国外：中国、朝鮮
生育地：湿り気のある草地
花期：4〜5月
メモ：ジシバリより大型

春

キンラン Cephalanthera falcata
（金蘭） －ラン科、キンラン属

高さ：20～70cm
葉：互生。長楕円形。無毛で基部は茎を抱く。5～8個つく。
花：黄色。半開性で、茎頂に3～12個つける。唇弁は3裂し、中央裂片に5～7本の隆起線がある。果実は長楕円形のさく果。
分布：県内：全域だが減少傾向／県外：本、四、九／国外：朝鮮、中国
生育地：明るい林内、林縁
花期：4～6月
メモ：絶滅危惧Ⅱ類
分布域は広いのに個体数が少なく絶滅種にランクされています。巡視中にこのキンランを目にすると何故か大声を上げてしまうのが不思議です。

黄色系

西丹沢

コナスビ Lysimachia japonica
（小茄子） －サクラソウ科、オカトラノオ属

高さ：10～30cm
茎に軟毛があり、地を這う。
葉：対生。広卵形。先は尖る。
花：黄色。花は普通1個。花冠は5深裂。ガクは先が鋭く尖る。花柄は2～3mm。
分布：県内：全域に普通／県外：北、本、四、九／国外：東南アジア
生育地：林縁、草地
花期：5～6月
メモ：本種の果実は青くて小さい。野菜の茄子とは似ていない。『野草の名前』によるとナスが実をつけ始めた頃の小さな姿が似ているからとか。又、ヘタもよく似ていますね。

大倉尾根

春

オオバウマノスズクサ Aristolochia kaempferi var. kaempferi
（大葉馬の鈴草） －ウマノスズクサ科、ウマノスズクサ属

高さ：木本でつるになる
葉：大型の三角状で基部は心形。葉裏の毛は伏す。
花：黄色地に紫褐色の縞模様がある。花柄は長く伸び、楽器のサキソフォンに似る。
分布：県内：丹沢山地以外に広く分布／県外：本（関東以西の太平洋側）、四、九
生育地：林縁
花期：4～5月
メモ：和名は、ウマノスズクサの果実が馬につける鈴に似ていることからついた－『野草の名前』。

箱根・標高1,100m付近

タンザワウマノスズクサ Aristolochis kaempferi var. tanzawana
（丹沢馬の鈴草） －ウマノスズクサ科、ウマノスズクサ属

高さ：木本でつるになる
葉：若い株の時は細く、基部が左右に張り出す。成熟すると卵円形。葉裏の毛は開出する。
花：泥白色の地に帯褐色の縞模様があり、大型。
分布：県内：丹沢周辺／県外：本（筑波山付近～愛知県の太平洋側内陸）
生育地：林縁
花期：5～6月
メモ：本種は標高900mぐらいまでの丹沢山塊周辺の林縁にやや普通－『神植誌2001』、とのことです。

開花前

丹沢・標高600m付近

カタクリ Erythronium japonicum
（片栗）－ユリ科、カタクリ属

3裂した柱頭

高さ：20～30cm。茎は無毛。
葉：地際に2個。長楕円形で縁は全縁。両面とも無毛で、表面に暗褐色の斑紋がある。
花：紅紫色。花茎の先に1個。披針形の花被片は6個で、強く上方に反り返る。雄しべは6個、雌しべは1個で、柱頭は3裂する。果実は3稜形のさく果。
分布：県内：多摩丘陵～小仏山地、藤野町馬本、愛川町半原／県外：北、本、四、九／国外：東北アジア（千島、サハリン、アムール、ウスリー地方、中国東北部、朝鮮）
生育地：山地の樹林内／花期：3～4月
メモ：絶滅危惧ⅠB類
自生種のカタクリは背丈が10cmほどと小さいものが多かった。昔、万葉の故郷、大和の地で歌われた'かたかご'も（大伴家持：19－4143）、きっと水汲みの少女たちのように可憐だったに違いない。
本種もアリが好むエライオソーム（種子の付属物でアリの餌になる）を出し、種子をアリに運んでもらう。

エンレイソウ Trillium smallii
（延齢草） －ユリ科、エンレイソウ属

左：西丹沢・5cm程の小さなエンレイソウ

高さ：20〜40cm
葉：3個輪生。広卵状菱形。無柄で先は尖る。網状の脈が目立つ。
花：緑色〜紫褐色。茎頂に直径3〜4cmの花を一個つける。3個ある緑色〜紫褐色の花びらは外花被片（ガク）で、内花被片はない。雄しべは6個。柱頭は3裂する。果実は球形。
分布：県内：丹沢、箱根、小仏山地／県外：北、本、四、九／国外：南千島、サハリン
生育地：やや湿った林内
花期：4〜6月
メモ：3月下旬、芦ノ湖西岸を巡視していると、手のひらに乗るほどのとても小さなエンレイソウが目にとまりました。すでに立派な蕾をつけていましたが、葉を丸めて寒さに耐えている様でした。
和名の由来に、アイヌ語"エマウリ"より転訛を繰り返し"エンレイ"となり、'延齢'の字が当てられ"エンレイソウ"となったのではないかー『植物和名の語源』、と言う面白い説がありました。

フデリンドウ Gentiana zollingeri
（筆竜胆）－リンドウ科、リンドウ属

高さ：6～10cm
葉：根生葉は対生で茎葉より小さい。茎の葉は密接してつく。広卵形。質は厚く葉裏はしばしば赤紫色を帯びる。
花：青紫色～淡青紫色。鐘形。
分布：県内：全域／
県外：北、本、四、九／
国外：朝鮮、中国、サハリン
生育地：日当たりの良い草地
花期：3～5月
メモ：県の最高所で咲いていたフデリンドウは紫色が抜けて淡い青紫色だった。背丈も5cmに満たず、やっと顔を出している感じであった。
和名は蕾が筆の穂先に見えることから。

蛭ヶ岳山頂

赤～青系

コケリンドウ Gentiana squarrosa
（苔竜胆）－リンドウ科、リンドウ属

高さ：3～10cm
葉：根生葉はロゼット状。卵形で先は尖る。
花：淡青紫色。花茎は1cm程と小さい。
分布：県内：疎らに全域／
県外：本、四、九／
国外：朝鮮、中国、インド北部、シベリア
生育地：日当たりの良い草地
花期：3～5月
メモ：和名にある'苔'は越冬葉が苔を思わせるほどなので－『野草の名前』。
個体数が減少しています。取ったり踏みつけたりしないようみんなで守りましょう。

丹沢

春

ジロボウエンゴサク Corydalis decumbens
（次郎坊延胡索） －ケシ科、キケマン属

高さ：5～10cm
葉：2～3回3出複葉。小葉は2～3個に深裂。苞は楕円形で全縁。
花：淡紅紫色～青紫色。総状花序。筒状花。
果実は線形のさく果。
分布：県内：全域／県外：本（関東以西）、四、九／国外：中国、台湾
生育地：林縁、草地
花期：4～5月
メモ：根茎を生薬にしたものを延胡索と称した－『植物和名の語源』。ジロボウは子供の遊びでスミレの太郎に対する。良く似たヤマエンゴサクは苞にぎざぎざがある。

南山

ムラサキケマン Corydalis incisa
（紫華鬘） －ケシ科、キケマン属

高さ：20～50cm
葉：2回3出複葉。小葉は羽状に裂け、人参の葉に似る。
花：紅紫色。総状花序。筒状花。先端は2裂する。
果実はさく果。
分布：県内：全域／県外：北、本、四、九／国外：中国
生育地：林内、林縁
花期：4～6月
メモ：道端でも普通に見られますが、大山を歩いた時にいったいどの位の高度まで生えているか調べてみたら、山頂にも咲いていました。さすがに弱々しい感じでした。

大山山頂

赤～青系

春

アカバナヒメイワカガミ Schizocodon ilicifolius var. australis
（赤花姫岩鏡）－イワウメ科、イワカガミ属

果実

赤～青系

高さ：10cmほど。茎は地を這い、先端に数枚の葉をつける。
葉：柄のある卵円形で、尖った三角形の鋸歯が2～6対ある。
花：紅紫色。地際からやや赤みを帯びた花茎をのばし、先端に漏斗状の花を2～7個つける。果実は球形のさく果。
分布：県内：丹沢、箱根／県外：奥多摩～静岡県東部
生育地：岩場
花期：4～5月
メモ：日本固有種。5月下旬、標高1,200m付近の箱根大涌谷分岐～早雲山分岐周辺の岩場に、沢山の花が咲きます。丹沢でも同じような標高の岩場に、赤い姿が目につくようになります。
『神植誌2001』によると、イワカガミの仲間で、神奈川県内に自生しているのは、ヒメイワカガミの変種といわれるこのアカバナヒメイワカガミ1種のみです。ヒメイワカガミの花は白色です。
和名の呼び方は、図鑑によりアカバナ（赤花）とベニバナ（紅花）の両方が使われていますが、ここでは『神植誌2001』に従い、アカバナ（赤花）を用い 'アカバナヒメイワカガミ' としました。

春

コイワザクラ Primula reinii
（小岩桜）－サクラソウ科、サクラソウ属

高さ：5〜10cm。全草毛が多い。
葉：根生葉。腎円形。縁は浅く裂ける。
花：紅紫色。散形花序。花茎3cmほど。果実はさく果。
分布：県内／丹沢、箱根／
県外：本（埼玉、東京、山梨、静岡、奈良県）
生育地：岩場、草地
花期：4〜5月
メモ：絶滅危惧Ⅱ類。日本固有種。フォッサ・マグナ要素の植物。盗掘が多いと聞くなか、セイヨウタンポポが護衛でもしているかのように並んで咲いていました。

オキナグサ Pulsatilla cernua
（翁草）－キンポウゲ科、オキナグサ属

高さ：10〜30cm
葉：根生葉。2回羽状複葉。
花：暗紫色。花弁状のガク片が6個。鐘形で下向き。
分布：県内：丹沢、箱根／県外：本、四、九／国外：朝鮮、中国
生育地：明るい草地や砂礫地
花期：4〜5月
メモ：絶滅危惧ⅠA類
万葉集に'ねつこぐさ'の名で一首ある（14-3508）。場所は神奈川県の三浦崎。うつむいて咲く花を見て恋人を思う歌。学名も'うつむいて咲く'の意とか。爺さんの白髪頭、生薬名の白頭翁では無粋過ぎる。

赤〜青系

ハンショウヅル Clematis japonica var. japonica
（半鐘蔓）－キンポウゲ科、センニンソウ属

高さ：草本状のつる性低木。茎は暗紫色を帯びる。
葉：対生。3出複葉。小葉は倒卵形で、脈がはっきりし、上部に鋸歯がある。
花：紫褐色。鐘形。花弁状のガク片が4個。縁に毛がある。
分布：県内：全域／県外：本、九
生育地：林縁
花期：5〜6月
メモ：最近、半鐘泥棒が話題になりましたが、本当に半鐘に似ていますね。ところで、私はチビだったので言われたことはありませんが。

陣馬山

春

ジュウニヒトエ Ajuga nipponensis
（十二単）－シソ科、キランソウ属

陣馬山

高さ：10～25cm
全体に白毛が多い。
葉：対生。楕円形。波状の鋸歯がある。
花：淡紫白色。穂状花序。唇形花で上唇は下唇よりかなり小さい。
分布：県内：東丹沢、小仏山地、多摩丘陵／
県外：本、四、九
生育地：林床
花期：4～5月
メモ：4月、陣馬山のジュウニヒトエはまだ蕾を持ったものが多かったが、重なり合った花の姿は名前の由来でもある十二単を思わせるに充分だった。しかし、少し離れていても分る毛むくじゃらの姿には少々興ざめではあった。

オウギカズラ Ajuga japonica
（扇葛）－シソ科、キランソウ属

大山

高さ：8～20cm
葉：対生。五角状心形。欠刻状の大きな歯牙がある。
花：淡紫色。唇形花。花冠の長さ2.5cm。上唇は浅く2裂、下唇は3深裂し、中央の裂片が大きく先端は浅く2裂する。
分布：県内：丹沢、湯河原、／県外：本、四、九
生育地：林床
花期：4～5月

タチキランソウ Ajuga makinoi
（立金瘡小草）－シソ科、キランソウ属

袖平山

高さ：10〜30cm
葉：歯牙はやや欠刻状。
花：青紫色。唇形花。上唇は大きく2裂し、雄しべと同じほどの長さ。
分布：県内：丹沢／
県外：本（関東西南部、中部南部、東海地方）
生育地：林床
花期：4〜5月
メモ：別名エンシュウニシキソウ。
キランソウとの違いは上唇の形と大きさを観る。
以前、ツクバキンモンソウ（淡紅白色で上唇が1mmほどと短い）が近くにありましたが、山道工事のためか消滅していました。

赤〜青系

キランソウ Ajuga decumbens
（金瘡小草）－シソ科、キランソウ属

南山

高さ：10〜30cm
地面に張り付くように広がり、茎は丸い。
葉：根生葉はロゼット状。倒披針形。粗い鋸歯がある。茎葉は小さい。
花：濃紫色。唇形花。上唇は1mmほどで雄しべより短い。
分布：県内：全域／
県外：本、四、九／
国外：朝鮮、中国
生育地：明るい草地
花期：4〜5月
メモ：別名ジゴクノカマノフタ

春

オドリコソウ Lamium album var. barbatum
（踊子草）　−シソ科、オドリコソウ属

高さ：30〜50cm
茎下部と節は赤みを帯び下向きの毛がある。
葉：対生。卵状三角形。縁に粗い距歯があり、先端は尖る。
花：淡黄白色〜淡紅色。唇形花。上唇はかぶと状、下唇は3裂し、中央裂片は大きく先端は2裂する。
分布：県内：丹沢山麓南側、他／県外：北、本、四、九／国外：東アジア
生育地：林縁、草地
花期：4〜6月
メモ：大山登山口付近に多く見られるが植栽もの。

大山

ヒメオドリコソウ Lamium purpureum
（姫踊り子草）　−シソ科、オドリコソウ属

高さ：10〜20cm
茎に4両あり下向きの短毛が生える。
葉：対生。3角状卵形。縁に鋸歯があり脈が目立つ。葉柄は上部の葉ほど短い。花期に赤紫色を帯びる。
花：淡紅色。唇形花。
分布：県内：ほぼ全域／県外：全国に広がる。
生育地：草地
花期：4〜5月
メモ：ヨーロッパ原産の帰化植物。1893年東京で見出された−『日本帰化植物写真図鑑』。

大野山

オカタツナミソウ Scutellaria brachyspica
(岡立浪草) －シソ科、タツナミソウ属

高さ：20～50cm
茎に下向きの毛が密生する。
葉：対生。卵形～三角状卵形。縁に粗い鋸歯がある。上部の葉は大きい。両面ともに有毛。
花：淡紫色。総状花序。唇形花。花冠は基部で急に曲がって直立する。下唇に紫色の斑点がある。
分布：県内：小仏山地、他丘陵地に普通／
県外：本（福島以西）、四
生育地：林床、林縁
花期：5～6月
メモ：タツナミソウは茎に開出毛が密生し、葉は2cmほどと小さい。

陣馬山

赤～青系

ヤマタツナミソウ Scutellaria pekinensis var. transitra
(山立浪草) －シソ科、タツナミソウ属

高さ：10～25cm
茎に上向きの白毛が密生する。
葉：対生。卵状三角形。鋸歯は鋭頭。両面ともに有毛。
花：淡紫色。総状花序。唇形花。花冠は基部で60度ほど曲がって斜上する。基部に苞葉があり目立つ。
分布：県内：丹沢周辺、小仏山地／県外：北、本、四、九／国外：朝鮮
生育地：明るい林床、林縁
花期：5～6月
メモ：山道脇に可愛らしいヤマタツナミソウが2つ、いかにもさざ波がたったように咲いていた。

陣馬山

春

カキドオシ Glechoma hederacea
（垣通し）－シソ科、カキドウシ属

高さ：5～25cm
葉：対生。円形。葉柄に下向きの白毛が密生。
花：淡紫色。唇形花。下唇は3裂し中央裂片は大きく、濃紫色の斑紋があり、白毛が生える。
分布：県内：全域／県外：北、本、四、九／国外：朝鮮、中国、ウスリー、アムール
生育地：林縁、草地
花期：4～5月

明神峠

ヤハズエンドウ Vicia angustifolia
（矢筈豌豆）－マメ科、ソラマメ属

高さ：50～90cm
葉：互生。羽状複葉。倒披針形。小葉は8～16個で、先は巻きひげになる。
花：紅紫色。蝶形花。
分布：県内：山地を除く全域／県外：本、四、九／国外：北部ア、ヨーロッパ
生育地：草地／花期：4～6月
メモ：別名カラスノエンドウ

大倉尾根

ヒメハギ Polygala japonica
（姫萩）－ヒメハギ科、ヒメハギ属

高さ：10～30cm
茎は細いが硬くて強い。
葉：互生。卵形～長楕円形。
花：赤紫色。総状花序。花弁は筒状で先端に房状の付属体がある。左右に同色で花弁のように見えるのはガク片。果実はさく果。
分布：県内：ほぼ全域／県外：北、本、四、九／国外：朝鮮、中国、東南ア
生育地：草地／花期：4～5月

丹沢表尾根

ホタルカズラ Lithospermum zollingeri
（蛍蔓） －ムラサキ科、ムラサキ属

赤〜青系

高さ：10〜30cm
花後、茎の基部から走出枝を出して新しい株を作る。
葉：互生。倒披針形。
花：青紫色。花冠は5裂し、中肋に白色の隆起がある。花茎は2cm弱。
分布：県内：ほぼ全域／県外：北、本、四、九／国外：朝鮮、中国
生育地：草地、林縁
花期：4〜5月
メモ：真上から見ているだけでは分りませんが、花の基部はつながり筒状となり赤い色をしています。まさにホタルの名の由縁です。

大倉尾根

ヤマルリソウ Omphalodes japonica
（山瑠璃草） －ムラサキ科、ルリソウ属

高さ：5〜20cm
全体に白毛が多い。
葉：根生葉はロゼット状に多数つく。倒披針形。茎葉の基部は茎を抱く。
花：淡青紫色〜瑠璃色・淡紅色。総状花序。花冠は5裂して開く。花茎は1cmほど。
分布：県内：丹沢、箱根、他丘陵地／県外：本（福島以西）、四、九
生育地：やや湿った林内
花期：4〜5月
メモ：丹沢では、山道脇の湿った斜面にへばりついて咲いているものが多い。

大山

春

キュウリグサ Trigonotis peduncularis
（胡瓜草）－ムラサキ科、キュウリグサ属

高さ：10〜30cm
葉：互生。卵円形。上部の葉は無柄、下部の葉には長い柄がある。
花：淡青紫色。花序の先は渦巻状。花茎2mmほど。
分布：県内：丹沢の高所を除き全域／県外：北、本、四、九／国外：アジアの温帯
生育地：草地
花期：4〜5月
メモ：別名タビラコ
何度も試してみましたが、葉をもむと本当に胡瓜の匂いがします。道端や公園などでよく見る花ですが、山で見るとまた格段美しく見えます。

南山

タチイヌノフグリ Veronica arvensis
（立犬の陰嚢）－ゴマノハグサ科、クワガタソウ属

高さ：10〜40cm
全体に短毛がある。
葉：対生。卵形。ほぼ無柄。
花：青色。4弁花。花茎4mmほどで花柄はない。上部の葉腋に1花をつける。
分布：県内：全域／県外：全域
生育地：草地
花期：4〜5月
メモ：イヌノフグリの仲間には本種の他に、オオイヌノフグリ（花柄が葉より長い）、フラサバソウ（子葉が残る）、イヌノフグリ（在来種で花色は淡紅色）などがある。

駒ケ岳山頂

トキソウ Pogonia japonica
（朱鷺草） －ラン科、トキソウ属

赤～青系

高さ：15～30cm
葉：線状楕円形。先は尖り、基部は茎を抱く。
花：淡紅色。唇弁は3裂し、中裂片は大きく肉質突起が密生する。
果実は蝶楕円形のさく果。
分布：県内：箱根／県外：北、本、四、九／国外：朝鮮、中国東北部、アムール、ウスリー
生育地：酸性湿原
花期：5～7月
メモ：絶滅危惧ⅠA類
朱鷺の羽色に似ていることから名づけられたという。とても美しい花ですね。

春

ヤマトキソウ Pogonia minor
（山朱鷺草）－ラン科、トキソウ属

高さ：10〜20cm
葉：倒披針形
花：淡紅色。花はほとんど開かず、上向きに咲く。果実は長楕円形のさく果。
分布：県内：箱根、湯河原／県外：北、本、四、九／国外：朝鮮、台湾
生育地：日当たりの良い草地
花期：5〜7月
メモ：絶滅危惧ⅠB類
花が開かないため、トキソウほど派手さは無く目立たない。丘陵地では草に負けてしまったのか見ることが出来なかった。

スズムシソウ Liparis makinoana
（鈴虫草）－ラン科、クモキリソウ属

高さ：10〜20cm
葉：根生葉。楕円形。2個つく。
花：暗紫色。疎らに2〜20個ほどつける。唇弁は広倒卵形で、中央が少しへこむ。果実は円柱形のさく果。
分布：県内：丹沢、箱根／県外：北、本、四、九／国外：朝鮮、ウスリー、北アメリカ（東部）
生育地：林床
花期：5〜7月
メモ：絶滅危惧ⅠB類
最近は見ることも無いスズムシにそっくりですね。

赤〜青系

春

サカネラン Neottia nidus-avis var. mandshurica
（逆根蘭）－ラン科、サカネラン属

高さ：20～45cm。根は太く多数束生し上向きに生える。
葉：膜質の葉を数個互生する。
花：淡黄褐色。穂状花序。唇弁は基部が膨らみ先が2裂する。
分布：県内：；丹沢、箱根／県外：北、本、四、九／国外：朝鮮、中国東北部、シベリア東部
生育地：やや湿った林床
花期：5月中旬～6月上旬
メモ：絶滅危惧ⅠB類
腐生植物。山道脇に数箇所で咲いていました。興味の無いハイカーには枯れ木に見え、蹴飛ばしても分からないかもしれません。数週間後に見た時、ほんとに枯れ木のようでした。

茶・その他

ツチアケビ Galeola septentrionalis
（土木通）－ラン科、ツチアケビ属

高さ：0.5～1m。全体が褐色を帯びる。
葉：茎の下部に三角状披針形の鱗片葉がつく。
花：黄褐色。総状花序。唇弁は黄色く肉質で内面に突起がある。果実はバナナ状で赤く熟す。
分布：県内：疎らに点在／県外：北、本、四、九／
国外：朝鮮
生育地：ササの群落内
花期：6～7月
メモ：ナラタケ菌と共生する腐生植物。和名は果実がつる性の木通（アケビ）の実に似ていることから。昔の人は連想力がすごいですね。

春

ナツトウダイ Euphorbia sieboldiana
（夏灯台） －トウダイグサ科、トウダイグサ属

高さ：20～40cm
葉：輪生葉が互生の茎葉より大きい。長楕円形で全縁。
花：淡紅紫色。杯状花序。腺体は暗紅紫色の三日月形（クワガタのツノに似る）。
分布：県内：高所を除きほぼ全域／県外：北、本、四、九／国外：朝鮮
生育地：草地
花期：4～5月
メモ：茎を折ると有毒の乳液が出るので、シカも採食しない。
近縁種のトウダイグサは葉がへら状倒卵形で、腺体は楕円形で色は黄緑色。

大倉尾根・標高1,000m 付近

タカトウダイ Euphorbia lasiocaula
（高灯台） －トウダイグサ科、トウダイグサ属

高さ：30～80cm
茎は有毛。
葉：互生。波針形～長楕円形。互生葉は茎の先にある輪生葉の葉より長い。
花：黄緑色。杯状花序。腺体は楕円形。果実の表面にこぶ状の突起がある。
分布：県内：ほぼ全域／県外：本、四、九／国外：東ア
生育地：草地
花期：6～7月
メモ：タカトウダイは海岸から山地まで生育し、環境に対応して姿形を変えているそうです。

箱根

ヤマウツボ Lathraea japonica
(山靫) －ゴマノハグサ科、ヤマウツボ属

茶・その他

大室山

高さ：10～30cm
葉：鱗片葉が疎らに互生。
花：紫褐色～白色。穂状。花冠は筒状で、上唇は下唇より長い。咲き始めは雌しべが花冠から突き出る。果実は倒卵形のさく果。
分布：県内：丹沢、箱根／県外：本（関東以西）、四、九／国外：朝鮮
生育地：林縁、林床
花期：4月下旬～5月
メモ：寄生植物。和名の靫は昔、矢を入れて背負った中空の籠に似ることから。

春

ミミガタテンナンショウ Arisaema limbatum
（耳形天南星）－サトイモ科、テンナンショウ属

大山

高さ：偽茎20〜50cm
葉：2個。小葉は長楕円形で7〜11個。最大の小葉は卵状長楕円形〜長楕円形。
花：仏焔苞は褐柴色〜暗紫色。筒口部が著しく耳状に張り出す。
分布：県内：丹沢、箱根／県外：本（関東、東北）、四
生育地：林内
花期：4〜5月

メモ：ハウチハテンナンショウはミミガタテンナンショウに近いが、仏焔苞の筒部はやや短く、口部の縁が殆ど反り返らず、舷部内面は光沢がやや少なく、葉は小葉が細長い。関東地方から四国にかけて、点々と分布する。ミミガタテンナンショウの高地型である。丹沢、箱根ではミミガタテンナンショウとの中間的な形もある－『神植誌2001』。

ユモトマムシグサ Arisaema nikoense
（湯元蝮草）－サトイモ科、テンナンショウ属

丹沢・標高1,000m 付近

高さ：偽茎15〜25cm
葉：2個。小葉は普通5個で、掌状に近い形。一番大きな小葉は楕円形。
花：緑色。舷部は卵形で、垂れて筒口部を被う。
分布：県内：丹沢、箱根／県外：本（中部以北）
生育地：林内
花期：5〜6月
メモ：小太りした子供という感じがしました。
標高の高いところに生え、県内での個体数は少ないとのことです。

茶・その他

春

ヒトツバテンナンショウ Arisaema monophyllum
（一葉天南星）－サトイモ科、テンナンショウ属

高さ：偽茎20〜60cm
葉：1個。小葉は卵形〜狭長楕円形で7〜9個。
花：緑色。仏焔苞は細く、舷部は斜上し基部内面に八の字型をした暗紫色の斑がある。
分布：県内：丹沢、箱根／県外：本（中部以東）
生育地：林縁
花期：4〜6月

カントウマムシグサ Arisaema serratum form. viridescens
（関東蝮草）－サトイモ科、テンナンショウ属

高さ：偽茎30〜80cm
葉：2個。小葉は11〜17個。卵状長楕円形〜長楕円形。
花：緑色。舷部は前に曲がり筒口部を覆う。
分布：県内：丹沢、箱根／県外：北、本（東北〜中部）
生育地：林縁、林内
花期：5〜6月
メモ：仏焔苞が紫色はムラサキマムシグサArisaema serratum。

ホソバテンナンショウ Arisaema angustatum
（細葉天南星）－サトイモ科、テンナンショウ属

高さ：偽茎20〜80cm
葉：2個。下側の葉は上の葉より大きい。小葉は披針形で9〜19個。
花：仏焔苞は緑色で、筒口部は広く反曲する。舷部は筒部より短い。
分布：県内：丹沢、箱根／県外：本（関東〜近畿地方の太平洋側）
生育地：林縁／花期：4〜6月

茶・その他

春

フタバアオイ Asarum caulescens
（双葉葵）－ウマノスズクサ科、フタバアオイ属

葉：卵心形。質は薄いが光沢がある。両面有毛。地を這って伸びた茎の先に2個つける。
花：紫褐色。葉柄基部に1個つく。直径1.5cmほど。ガク片上半分は三角状で強く反り返る。
分布：県内：丹沢、箱根／県外：本、四、九
生育地：林内
花期：3～5月。
メモ：古来賀茂神社（京都）の葵祭事に用いた－『広辞苑』。徳川家の家紋で有名な三葉葵はこの葉を図案化したもの。

ウスバサイシン Asiasarum sieboldii
（薄葉細辛）－ウマノスズクサ科、ウスバサイシン属

葉：卵心形。質は薄く、葉先はとがり、両面脈上に毛がある。
花：黒紫褐色。径1.5cmほど。ガク片は広三角状で、先が小さくとがり、持ち上がる。
分布：県内：丹沢／県外：本、九
生育地：湿った草地
花期：4～5月。
メモ：絶滅危惧Ⅱ類
和名の細辛は根が細く辛いところからつけられた生薬名。

ランヨウアオイ Heterotropa blumei
（乱葉葵）－ウマノスズクサ科、カンアオイ属

葉：広卵形。基部は深い心形。両側は耳状に張り出す。両面共に有毛。
花：淡紫褐色。ガク片3個は三角状卵形。
分布：県内：丹沢山地東南山麓、芦ノ湖南岸／県外：本（関東南部〜東海南部）
生育地：林内
花期：4〜5月
メモ：フォッサ・マグナ要素の植物。
和名の乱葉について、昔の束帯の縫腋（ほうえき）につけられた襴の左右が耳形に張り出した姿に例えたという説－『植物和名の語原』、がある。

東丹沢

茶・その他

カントウカンアオイ Heterotropa nipponica
（関東寒葵）－ウマノスズクサ科、カンアオイ属

葉：卵形〜広卵形。基部は心形。しばしば白雲紋ができる。表は有毛、裏は無毛。
花：暗紫色〜淡緑褐色。ガク片3個は先の尖った三角形。萼筒の口の周囲は白っぽく縁取られる。
分布：県内：津久井から丹沢山地東南山麓、三浦半島／県外：本（関東南部〜静岡県、三重県）
生育地：林内
花期：10〜3月
メモ：別名カンアオイ。フォッサ・マグナ要素の植物。左上の写真は越冬した花で、このまま果実となる。

大山

春

オトメアオイ Heterotropa savatieri subsp. savatieri
（乙女葵）－ウマノスズクサ科、カンアオイ属

葉：卵円形。基部は深い心形。カンアオイに似る。表は有毛、裏は無毛。
花：淡紫褐色。ガク片3個は三角状。
分布：県内：箱根、渋沢丘陵／県外：伊豆半島
生育地：林内
花期：6〜8月
メモ：フォッサ・マグナ要素の植物。
和名は箱根乙女峠で見つかったことから。葉だけを見ているとカントウカンアオイとそっくり。4月、昨年の花の基部から新葉の芽が出ていた。

箱根

ズソウカンアオイ Heterotropa savatieri subsp. pseudosavatieri
（豆相寒葵）－ウマノスズクサ科、カンアオイ属

葉：卵円形。基部は深い心形。
花：淡紫褐色。ガク片3個は三角状。
分布：県内：丹沢山地西南部／県外：伊豆半島
生育地：林内
花期：10〜4月
メモ：フォッサ・マグナ要素の植物。
オトメアオイやカントウカンアオイとよく似ているので、見た目だけでは間違いやすい。分布域がはっきり分かれているので、当初はそれを頼りに確認した。

丹沢西南部

スミレ Viola mandshurica
（菫）－スミレ科、スミレ属

高さ：10cm ほど
葉：対生。3角状披針形。葉柄に翼がある。
花：濃紫色。柱頭はカマキリの頭状。側弁基部は有毛。距は短く棒状。
分布：県内：全域／県外：北、本、四、九／国外：朝鮮、中国、ウスリー
生育地：日当たりの良い草地
花期：4～5月
メモ：科、属、種名みんなスミレがつくと紛らわしいですね。マンジュリカではぴんとこないし…。

陣馬山登山道

タチツボスミレ Viola grypoceras (1)
（立坪菫）－スミレ科、スミレ属、

高さ：10cm ほど
花後は30cm 程にのびる。
葉：卵形。花後は倍以上の大きさになる。托葉はクシの葉状に深く切れ込む。
花：淡紫色～紫色。唇弁と側弁に紫色のすじがある。側弁基部は無毛。柱頭は棒状で無毛。
分布：県内：全域／県外：北、本、四、九／国外：中国、朝鮮、台湾
生育地：草地
花期：3～5月
メモ：(1) 標準タイプ

丹沢主脈1,400m 付近

春

スミレ

タチツボスミレの7品種：
(1) 標準タイプ
(2) 距が白色の品種
(3) 距が黄色の品種
(4) 葉脈に紅紫色の斑が入った品種
(5) 花弁が黄緑色の品種
(6) 花弁は白色、距は紫色の品種（オトメスミレ）
(7) 花弁と距ともに白色（シロバナタチツボスミレ）

距が白色の品種(2)　　　　距が黄色の品種(3)

葉脈に紅紫色の斑が入った品種(4)　花弁が黄緑色の品種(5)

メモ：タチツボスミレは人里から山地まで何処にでも普通に生え、スミレの中では最も馴染みが深い。環境適応力も強く個体数も多いだけに、形態的変異が大きいようです。既に名前がついているものもあれば、まだ名のついていないものもあります。今までに神奈川の山で見たタチツボスミレは7品種に及び、最も高所で見られたのは標高1,400m付近の丹沢の稜線でした。
　一面に咲くスミレを見ていると誰でも心が和むと思います。歌を詠んだり、俳句が作れたらなあ、といつも思います。万葉集に大好きな歌があります。「春の野に　すみれ摘みにと　こしわれぞ　野をなつかしみ　一夜寝にける」－山部赤人（8－1424）。摘むほど一杯咲いていたのは、どんな色をしたタチツボスミレだったのでしょうか。思いを馳せると心がわくわくしてきます。

春

オトメスミレ form. purpurellocalcarata（6）
（乙女菫）：花弁は白、距は紫色

シロバナタチツボスミレ form. albiflora（7）
（白花立坪菫）：全て白色

スミレ

春

ニオイタチツボスミレ Viola obtusa
（匂立坪菫）

高さ：10～15cm
花後は30cmほど。
葉：托葉はクシの葉状。
花：紅紫色。花に僅かに芳香があり、花柄に短毛がある。花の中心部の白い部分がはっきりしている。
分布：県内：丹沢。箱根、小仏山地／県外：北（南部）、本、四、九
生育地：明るい草地
花期：4～5月
メモ：出会うたびに匂いを嗅いでみたが、残念ながら一度も芳香を感じたことはなかった。

陣馬山

エゾノタチツボスミレ Viola acuminata
（蝦夷の立坪菫）

高さ：20～40cm
葉：托葉はクシの葉状。
花：白色～淡紫色。側弁の基部は有毛。花柱の先に突起毛がある。
分布：県内：丹沢、小仏山地／県外：北、本（中部以北）／国外：朝鮮、中国東北部、ウスリー、サハリン、南千島
生育地：林床
花期：4～5月
メモ：絶滅危惧ⅠA類

アオイスミレ Viola hondoensis
（葵菫）－スミレ科、スミレ属

大山

高さ：6～7cmほど
葉：円形。葉の先は丸く、全体に有毛。托葉は全縁で、ふちに毛がある。
花：淡紫色。側弁基部は毛のあるものと無いものがある。花柱の先端がカギ状に曲がる。距は太くてずんぐり。果実は球形のさく果で有毛。
分布：県内：山地全域／県外：北、本、四、九
生育地：林内
花期：3～4月
メモ：日本固有種。和名はフタバアオイの葉に似ることから。

スミレ

トウカイスミレ Viola toukaiensis
（東海菫）－スミレ科、スミレ属

高さ：3～5cm
葉：心形。上面と縁に毛があり、縁に波状の鋸歯がある。
花：淡紫色。花茎は1cmほど。花弁の裏の色が濃く見える。側弁基部は無毛。花柄はあまり伸びず葉より少し高い程度。
分布：県内：箱根／県外：伊豆半島、東海地方、紀伊半島
生育地：林内
花期：4～5月
メモ：花弁裏側の色のほうが濃いように見えた。

春

シコクスミレ Viola shikokiana
（四国菫）－スミレ科、スミレ属

高さ：5cm ほど
葉：広卵形。先端は尖り、波状の鋸歯がある。表面は無毛、葉裏の葉脈に毛がある。
花：白色。側弁の基部は有毛又は無毛。唇弁に紫色のすじがある。柱頭はカマキリの頭状。距は短い。花茎1.5cm 程で全体に四角っぽく見える。
分布：県内：丹沢、箱根／県外：本（関東以西の太平洋側）、四、九／国外：朝鮮、ウスリー
生育地：林内
花期：4～5月
メモ：別名ハコネスミレ

西丹沢

ケマルバスミレ Viola keiskei form. okuboi
（毛丸葉菫）－スミレ科、スミレ属

高さ：5～10cm
葉：卵形。先端は鈍く尖るか丸い。表面や縁に毛がある。
花：純白。側弁の基部は有毛又は無毛。唇弁の紫色のすじは少ない。柱頭はカマキリの頭状。距は太くて長い。花柄やガクに粗毛が多い。
分布：県内：全域に点在／県外：北、本、四、九／国外：中国、朝鮮、シベリア
生育地：林縁
花期：4～5月
メモ：無毛のマルバスミレは、県内からまだ見つかっていない。

陣馬山

フモトスミレ Viola pumilio
（麓菫）－スミレ科、スミレ属

高さ：3～6cm
葉：卵形。葉裏は紫色を帯びる。
花：白色。花茎は1cmほど。唇弁は小さめで、紫色のすじが目立つ。すじは上弁や側弁にも入る。側弁基部に毛が密生する。距は紫色で短い。花柄も紫色を帯びる。
分布：県内：箱根／県外：本、四、九
生育地：林内、林縁
花期：4～5月
メモ：小さいながらとても気品にあふれた高貴な印象を受けました。

ツボスミレ Viola verecunda
（坪菫）－スミレ科、スミレ属

高さ：5～25cm
葉：心形。托葉は全縁か、疎らな鋸歯がある。
花：白色。花茎は1cmほどと小さい。唇弁に紫色のすじがあり、側弁基部は有毛。花柱の上部が左右に少し張り出す。
分布：県内：全域／県外：北、本、九、四／国外：東南アジア
生育地：やや湿り気のあるところ。
花期：4～5月
メモ：別名ニョイスミレ（語源は仏具の"如意"に似ることから）。

大山

スミレ

春

エイザンスミレ Viola eizanensis
（叡山菫） －スミレ科、スミレ属

高さ：5～15cm
葉：3小葉で、深く3裂する。
花：淡紅紫色～白色。花茎2～2.5cm。花柱はカマキリの頭状。側弁基部に長毛が生える。
分布：県内：丹沢、箱根小仏山地／県外：本、四、九
生育地：林内、林縁
花期：4～5月

メモ：和名は比叡山で始めて発見されたことから。去る年の10月29日、6名で金山乗越から檜洞丸への急登に取り掛かった時、標高1,300m付近の斜面にエイザンスミレが2株咲いているのを見て'何で今頃'と驚いたことがある。まさに修行中という感じでした。
よく似たヒゴスミレは、葉が基部で5裂し、裂片の幅が狭い。

ヒナスミレ Viola takedana
（雛菫） －スミレ科、スミレ属

高さ：5～15cm
葉：三角状卵形。基部は深い心形で、先は細くとがり、粗い鋸歯がある。葉裏は紫色を帯びる。
花：透明感のある淡紅紫色。花茎は約1.5cm。花柱はカマキリの頭状。側弁基部は無毛か、少し毛がある。
分布：県内：丹沢、箱根小仏山地／県外：北、本、四、九／国外：朝鮮、中国東北部
生育地：林内、林縁
花期：4～5月

アケボノスミレ Viola rossii
（曙菫）－スミレ科、スミレ属

高さ：5～10cm
葉：心形。葉先は尖る。両面に微毛がある。花期にはあまり展開せず。
花：淡紅紫色～紅紫色。花茎2～2.5cm。側弁基部に疎らに毛がある（無毛のものもある）。花柱はカマキリの頭状。距は太く短い。
分布：県内：丹沢、箱根、小仏山地／県外：北（南部）、本、四、九／国外：朝鮮、中国東北部
生育地：明るい疎林。
花期：4～5月

陣馬山

スミレ

ナガバノスミレサイシン Viola bissetii
（長葉の菫細辛）－スミレ科、スミレ属

高さ：5～12cm
葉：披針形。長さ5～8cmと長い。
花：白～淡紫色。花茎約2cm。側弁基部は無毛。花柱はカマキリの頭状。
分布：県内：丹沢、箱根、小仏山地／県外：本（茨城県以西）、四
生育地：林内
花期：4～5月
メモ：住み分けに就いて：
スミレサイシンは日本海側、ナガバノスミレサイシンは太平洋側、アケボノスミレは太平洋よりの内陸。

南山

春

アカネスミレ Viola phalacrocarpa
（茜菫）－スミレ科、スミレ属

高さ：5～10cm
葉：長卵形～長三角形。
花：淡紅紫色～紅紫色。花茎1.5cmほど。花弁基部は閉じ気味で内部が見えにくい。唇弁に紫色のすじが入る。側弁基部には毛が密生する。
分布：県内：全域に普通／県外：北、本、四、九／国外：朝鮮、中国、シベリア
生育地：林縁、草地
花期：4～5月
メモ：全体に毛が多く、花柄、ガク、距、葉に、又、子房にも毛がある。

陣馬山

オカスミレ form. glaberrima
（丘菫）－スミレ科、スミレ属

アカネスミレの品種で、側弁基部以外全て毛の無いものをオカスミレとしている。

高指山

イチヤクソウ Pyrola japonica
（一薬草）－イチヤクソウ科、イチヤクソウ属

陣馬山

高さ：13〜30cm
葉：広楕円形の葉を3〜6個根生する。ふちに細かい鋸歯がある。
花：白色。花茎上部に数個〜10個下向きにつける。花弁は5個で、花柱が突き出る。ガク裂片は細長い披針形。
分布：県内：全域／県外：北、本、四、九／国外：中国、朝鮮
生育地：林内
花期：6〜7月
メモ：和名は薬草として使われたことから。なぜ'一'がつくのかは不明。

白色系

マルバノイチヤクソウ Pyrola nephrophylla
（丸葉の一薬草）－イチヤクソウ科、イチヤクソウ属

丹沢主脈

高さ：15〜20cm
花茎は赤みを帯びる。
葉：柄のある偏円形で長さより幅のほうが広い。
花：やや赤みを帯びる。花茎の先に5〜10個つける。ガク片は三角形で先は尖る。果実は径5mm程のさく果。
分布：県内：丹沢、箱根／県外：北、本、四、九／国外：南千島
生育地：林内
花期：6〜7月
メモ：別名：オオジンヨウイチヤクソウ

夏

白色系

ミヤマカラマツ Thalictrum filamentosum var. tenerum
（深山唐松）－キンポウゲ科、カラマツソウ属

高さ：30～80cm
葉：茎葉は三出複葉。小葉は楕円形で切れ込みがある。
花：白色。散房状。花弁はなく、ガク片は早く落ち、白く見えるのは雄しべで、花糸は葯より幅が広い。果実は長楕円形のそう果。
分布：県内：丹沢、箱根／県外：北、本、四、九／国外：朝鮮、中国、千島、アムール
生育地：林縁
花期：5～8月
メモ：丹沢の稜線では殆どが高さ30cm以下と小さい。沢山の雄しべは唐松の葉のようですが、ルーペで覗くと小さなお人形のようでした。

蛭ヶ岳

モミジカラマツ Trautvetteria caroliniensis var. japonica
（紅葉唐松）－キンポウゲ科、モミジカラマツ属

高さ：30～60cm
葉：根生葉は1～3個。掌状に中～深裂し、ふちに鋭い鋸歯があり、カエデの葉に似る。茎の葉は小さく2～3個つく。
花：白色。散房花序。花弁は無く、ガクはすぐ落ちて花糸だけが残る。花糸の先は次第に太くなる。果実はやや平べったい広卵形のそう果。
分布：県内：丹沢／県外：北、本（中部以北）／ 国外：千島、サハリン、ウスリー
生育地：湿った岩場
花期：7～8月
メモ：絶滅危惧ⅠB類

夏

ナンバンハコベ Cucubalus baccifer var. japonicus
（南蛮繁縷）－ナデシコ科、ナンバンハコベ属

白色系

高さ：つる状に伸び、長さ1m以上。
葉：対生。卵状楕円形。
花：白色。花弁5個は離れてつき、先は曲がって2裂する。ガク片は半球形で5裂。果実は液状のさく果。
分布：県内：丹沢、他点在／県外：北、本、四、九／国外：朝鮮、中国、アムール、ウスリー、サハリン、千島
生育地：林縁、
花期：7〜10月
メモ：外来種でもないのに南蛮の名がついています。

サワハコベ Stellaria diversiflora
（沢繁縷）－ナデシコ科、ハコベ属

高さ：10〜30cm
茎は無毛。地を這い上部は斜上する。
葉：対生。三角状卵形。葉に柄があり、短毛が生える。
花：白色。5個の花弁はガク片より短く先端は2浅〜中裂する。
分布：県内：丹沢、箱根、三浦／県外：本、四、九
生育地：湿地
花期：5〜7月

メモ：切れ込みのある円形の葉はミヤマチドメ（ヒメチドメ）です。

夏

ミヤマタニタデ Circaea alpina
（深山谷立蓼）－アカバナ科、ミズタマソウ属

白色系

夏

高さ：10cm ほど。茎はほとんど無毛。
葉：対生。柄のある三角状広卵形で鋭い鋸歯があり、先は尖り、基部は心形。
花：帯紅白色。花は総状につき直径3mm ほど。花弁は2個で2裂する。ガク片は帯紅色で2個あり花弁より長い。果実は長倒卵形でかぎ状の毛がある。
分布：県内：丹沢、箱根／県外：北、本、四、九／国外：北半球の温帯～寒帯
生育地：林内や林縁
花期：7～8月
メモ：箱根では削られた山道の斜面にへばりつくように咲き、又、暑い盛りの丹沢の稜線ではぐったりし、やっと咲いているという感じでしたが、登山客が少ない静寂な丹沢の深奥部では生き生きとした元気一杯のミヤマタニタデを見ることが出来ました。生物にとって豊かな自然環境が如何に大切であるかをしみじみと感じました。

オカトラノオ Lysimachia clethroides
（岡虎の尾）－サクラソウ科、オカトラノオ属

箱根

高さ：60～100cm。茎に軟毛が疎らに生える。
葉：互生。長楕円形。縁と葉裏に毛がある。
花：白色。総状花序。花冠は深く5裂し、雄しべと裂片は1対1。花序の上部は垂れ下がり、花は下から順次咲く。果実は丸っこいさく果。
分布：県内：全域／県外：北、本、四、九／国外：朝鮮、中国
生育地：草地
花期：6～7月
メモ：群生しているのを見ると、みな同じ方向に垂れ下がっています。不思議ですね。

白色系

ヌマトラノオ Lysimachia fortunei
（沼虎の尾）－サクラソウ科、オカトラノオ属

箱根

高さ：40～70cm
葉：互生。披針形～長楕円形。
花：白色。総状花序。花冠はやや小さく5～6mm。花序は垂れずに真っすぐ伸びる。果実は丸っこいさく果。
分布：県内：箱根、相模川以東／県外：本、四、九／国外：朝鮮、中国、東南アジア
生育地：湿地
花期：7～8月
メモ：今では沼を見ることは殆どなく、また真っすぐ伸びたトラの尾もどこかおかしい。地味な花ですが、一度見ると忘れられない花ですね。

夏

白色系

ミヤマハタザオ　Arabis lyrata ssp. kamchatica
（深山旗竿）－アブラナ科、ハタザオ属

高さ：10～30cm。茎の下部に毛がある。
葉：茎葉は線状披針形、全縁で無毛。葉の基部は茎を抱かない。根生葉はヘラ状倒卵形、全縁又は羽状に深裂（深裂しないのもあるので注意）。
花：白色～やや紅紫色。花はまばらな総状につく。
分布：県内：丹沢／県外：北、本（中部以北）、四／国外：東北アジア～北米北西部
生育地：砂礫地や草地
花期：6～8月
メモ：絶滅危惧ⅠB類
ハタザオとは思えない哀れな立ち姿でした。

カワラマツバ　Galium verum var. asiaticum
（河原松葉）－アカネ科、ヤエムグラ属

高さ：30～80cm
葉：8～10個輪生し、小葉は松の葉に似て線形。先端に短い刺がある。
花：白色。集散花序。花冠は4裂。花茎2mm。果実は無毛。
分布：県内：丹沢、箱根、他まばら／県外：北、本、四、九／国外：朝鮮
生育地：草地
花期：7～8月
メモ：花色が黄色いのはキバナカワラマツバ。

箱根

夏

ツルアリドオシ Mitchella undulata
（蔓蟻通）－アカネ科、ツルアリドオシ属

檜洞丸

白色系

茎：長さ40cm ほどになる。茎は地を這い、刺はない。
葉：対生。卵形。厚く光沢があり、ふちに波状の鋸歯がある。
花：白色。枝先にガク頭が合着した２個の花をつける。花冠の長さは約１cm で先端は４裂する。果実は球形の赤い液果。２個が合着し、それぞれの花のガクの跡が二つ残る。
分布：県内：丹沢、箱根、三浦半島／県外：北、本、九／国外：朝鮮南部、中国東部
生育地：やや湿った林内や林縁
花期：６～７月
メモ：ガクが合着した２個の白い花の形や、赤い実はアリドオシと良く似ていますが、アリドオシは高さ50cm 程の常緑の小低木であり、和名の由来ともなった'蟻をも通す'と言われる鋭い刺があります。また赤い果実に残るガクの痕跡は１つだけです。
７月、西丹沢の檜洞丸を巡視中、たまたま目にする事が出来ました。

夏

オククルマムグラ Galium trifloriforme var. trifloriforme
（奥車葎）－アカネ科、ヤエムグラ属

高さ：20～50cm
茎は4稜で、下向きの刺状の毛がある。
葉：6個輪生。長楕円形。葉先は丸く先端は短く尖る。葉裏主脈に刺状の毛がある。葉は乾いても黒くならない。
花：白色。花冠は4裂し、花茎2.5mmほど。茎の上部に集散状に数個つける。果実に鈎状の毛が密生する。
分布：県内：丹沢、箱根／県外：北、本、四、九／国外：朝鮮、東北ア
生育地：林内
花期：6～7月

白色系

箱根

クルマムグラ Galium trifloriforme var. nipponicum
（車葎）－アカネ科、ヤエムグラ属

高さ：20～50cm
茎は4稜で、刺はない。
葉：6個輪生。披針形。葉先は次第に細くなる。葉は乾くと黒くなる。
花：白色。花冠は4裂し、花茎2.5mmほど。茎の上部に集散状に数個つける。果実に鈎状の毛が密生する。
分布：県内：丹沢、箱根／県外：北、本、四、九
生育地：林内
花期：6～7月

箱根

夏

ミヤマムグラ Galium paradoxum
（深山葎）－アカネ科、ヤエムグラ属

高さ：10〜25cm
茎は4稜で無毛。
葉：普通4個輪生（時に2〜5個輪生）。広卵形で4〜12mmの柄がある。
花：白色。花冠は4裂し茎2mmほど。
分布：県内：丹沢、箱根／県外：北、本、四、九
生育地：林内
花期：6〜7月
メモ：ヤエムグラ属で、葉に柄のあるのは本種ミヤマムグラのみ。

明神峠

白色系

キヌタソウ Galium kinuta
（砧草）－アカネ科、ヤエムグラ属

高さ：20〜40cm
茎は4稜で無毛。
葉：4個輪生。無柄の卵状披針形で3脈が目立つ。葉先は尾状に細る。
花：白色（赤色を帯びることもある）。花冠は4裂し花径は2.5mmほど。
分布：県内：丹沢、箱根小仏山地／県外：本（宮城県以南）、四、九
生育地：林縁や草地。
花期：7〜9月
メモ：和名は果実が砧（布を叩いて柔らかくする道具。明治の頃まで使われていた）に似ていることから。

赤花タイプ

丹沢主稜

夏

オオキヌタソウ Rubia chinensis
（大砧草）－アカネ科、アカネ属

高さ：30〜60cm
茎は直立し、4稜で無毛。
葉：4個輪生。卵形〜広披針形。柄があり基部は浅い心形。キヌタソウに似て、3脈が目立つ。
花：緑白色。集散花序。花径は3〜4mm。花冠は4〜5裂。果実は球形の液果。
分布：県内：丹沢、箱根／県外：北、本、四、九／国外：中国、朝鮮
生育地：林内
花期：5〜7月
メモ：絶滅危惧ⅠA類

白色系

アカネ Rubia argyi
（茜）－アカネ科、アカネ属

茎：つる性でよく分枝し、稜に下向きの刺がある。
葉：4個輪生。三角状卵形。葉柄と葉裏脈上にも下向きの刺がある。
花：淡い黄緑色。花径は4mmほど。
分布：県内：全域／県外：本、四、九／国外：東アジア
生育地：林縁
花期：8〜9月
メモ：万葉集にも歌われています（額田王、1－20）。根は古代から染料として利用された。

丹沢

夏

イガホオズキ Physaliastrum echinatum
（毬酸漿）－ナス科、イガホウズキ属

茎は疎らに分枝。
葉：卵形～広卵形。
花：黄白色。鐘形。花冠の直径 5～8mm で先は浅く 5 裂する。ガクは花時には短毛が密生し、果期は球形の液果を包み、表面の毛は刺状の突起になる。果実は球形の液果。
分布：県内：丹沢、箱根、小仏山地、三浦／県外：北、本、四、九／国外：東アジア
生育地：林内
花期：6～8月

白色系

生藤山

アオホオズキ Physaliastrum japonicum
（青酸漿）－ナス科、イガホウズキ属

高さ：30～60cm
葉：長楕円形。
花：淡緑色。鐘形。花冠の直径約15mm で先は浅く 5 裂する。ガクは花時には疎らに毛があり、果期には楕円形の液果よりも長くなる。
分布：県内：丹沢、箱根／県外：本（関東南部～紀伊半島の太平洋側）
生育地：林内
花期：6～7月
メモ：絶滅危惧Ⅱ類から健在種となる－『神RD B2006』。

箱根

夏

タンザワイケマ Cynanchum caudatum var. tanzawamontanum
（不明）－ガガイモ科、カモメヅル属

丹沢・地蔵平付近

茎：つる性
葉：卵形。基部は心形。
花：白色。散形花序。花冠裂片は反り返らない。
分布：県内：丹沢／県外：本（関東西部）
生育地：林縁、ガレ場
花期：7～8月
メモ：過去の記録は全てタンザワイケマで県内にイケマは分布していない－『神植誌2001』。和名のイケマをアイヌ語起源説としている－『野草の名前』及び『植物和名の語原』。イケマに生馬の字を当てたのは誤用。

白色系

ヤマブキショウマ Aruncus dioicus
（山吹升麻）－バラ科、ヤマブキショウマ属

丹沢主脈

高さ：30～100cm
雌雄異株。
葉：2回三出複葉。小葉は卵形～広披針形、脈は平行し、ふちに細かい重鋸歯があり、先は尖る。
花：白色。円錐花序、小さな花を多数つける。雌花の花弁はヘラ型。果実は楕円形の袋果。
分布：県内：丹沢、箱根／県外：北、本、四、九／国外：朝鮮、中国
生育地：林縁、岩場
花期：6～8月

夏

ナガバハエドクソウ Phyrma leptostachya var. oblongifolia
（長葉蠅毒草） －ハエドクソウ科、ハエドクソウ属

高さ：50～90cm
葉：対生。長卵形～長楕円形。基部はくさび形。
花：白色～淡紅色。穂状花序。花冠は唇形で花冠の長さ6～7mm。
分布：県内：全域／県外：北、本、四、九
生育地：林縁、林床
花期：6～8月
メモ：ハエドクソウ（var. asiatica）は葉の基部が心形で、花冠の長さが7～9mmとより大きい。むかし根からハエ取紙を作ったそうです。小さくて可愛い花なのに、ひどい名前で可哀相です。

平丸山道

白色系

タケニグサ Macleaya cordata
（竹似草） －ケシ科、タケニグサ属

高さ：100～200cm
茎は中空で、折ると黄色の乳液（有毒）が出る。
葉：菊の葉のように裂ける。葉裏は毛が密生。
花：白色。円錐花序。花弁は無く白色のガク片で、花時に落ちる。雄しべが多数残る。葯は線形。果実は黄褐色のさく果。
分布：県内：全域／
県外：本、四、九／
県外：中国、台湾
生育地：草地、林縁、荒地
花期：6～8月
メモ：別名チャンパギク（占城菊）。葉裏が無毛なのはケナシチャンパギク。

金時山

夏

ウスユキソウ Leontopodium japonicum
（薄雪草）－キク科、ウスユキソウ属

白色系

丹沢・標高1,600m 付近

高さ：20〜40cm
葉：互生。披針形。無柄で先は尖り基部はくさび形。ふちは全縁。葉の裏には綿毛が密生し、白く見える。
花：灰白色。頭花には柄があり、白色をした苞葉の上につく。果実は1mm 程のそう果。
分布：県内：丹沢、箱根／県外：北、本、四、九／国外：中国
生育地：乾いた岩場、草地、風衝地帯。
花期：7〜9月
メモ：県内のウスユキソウ属は本種のみ。丹沢や箱根で見られるウスユキソウは、ウスユキソウ属の中では一番低地で生育しているそうです。低地といっても、丹沢の標高1,600m 付近のウスユキソウは、背丈10cm 程ですが、厳しい風雪に耐え抜き、生きている強さを感じます。エーデルワイスのような優雅さは無くても、真夏に行くと必ず待っていてくれるこの逞しいウスユキソウを見ると、とても元気づけられます。

夏

ヤハズハハコ Anaphalis sinica
（矢筈母子）－キク科、ヤマハハコ属

丹沢・鬼ヶ岩

高さ：15～30cm
茎は分枝せず直立。
葉：互生。倒披針形。基部は次第に細くなる。1脈が目立つ。
花：白色。散房花序。
分布：県内：丹沢／県外：本（関東以西）、四、九／国外：朝鮮、中国
生育地：岩場
花期：8～9月
メモ：和名にある矢筈は、葉の形が矢の上端の矢筈に似ることからついたといいます。
丹沢以外にも生えるヤマハハコは葉の3脈が目立つ。

白色系

コウモリソウ Parasenecio maximowiczianus
（蝙蝠草）－キク科、コウモリソウ属

蛭ヶ岳

高さ：30～70cm
葉：互生。三角状ほこ形。茎の中程の葉には長い柄がある。
花：白色。円錐花序。果実はそう果。
分布：県内：丹沢、箱根／県外：本（関東～近畿）
生育地：林内
花期：8～9月
メモ：昭和20年代、東京でも蝙蝠の飛んでいるのを見ることが出来た。コウモリソウを見ると懐かしく思い出される。子供の頃コウモリソウを知らず、年を取りコウモリを見ず。

夏

ヤブレガサ Syneilesis palmata
（破れ傘）－キク科、ヤブレガサ属

白色系

高さ：50～100cm
葉：根生葉。長い柄があり掌状に深く裂け、裂片は7～9個。茎葉は2～3個で互生。
花：白色。円錐花序。頭花は径1cmほどの筒状花。
分布：県内：山地の高所を除き全域／県外：本、四、九
生育地：林床
花期：7～10月
メモ：早春、若葉の根生葉はすぼめた傘のようで、和名はその深く裂けた姿から破れた傘に例えられたという。命名されたのは江戸時代、傘といっても洋傘ではなく番傘である。子供の頃、破れた番傘をさして学校に行ったのを思い出す。

小仏山地

ハキダメギク Galinsoga quadriradiata
（掃溜菊）－キク科、コゴメギク属

高さ：10～60cm
茎に開出毛がある。
葉：対生。卵形。多毛で縁の鋸歯は粗い。
花：筒状花は黄色・舌状花は白色。舌状花の先は3裂する。枝先に直径5mmほどの頭花を1個つける。
分布：県内：全域／県外：本、四、九／国外：温帯～熱帯
生育地：草地
花期：6～11月
メモ：熱帯アメリカ原産の帰化植物。大山を下山中、可愛い花を見つけた。まさかと思ったがハキダメギクだった。ひどい名前で可哀想。

大山

夏

イワニンジン Angelica hakonensis
（岩人参）－セリ科、シシウド属

駒ケ岳

高さ：50〜90cm
茎と葉柄は赤みを帯びる。
葉：3回3出複葉。楕円形。小葉は中央部が最も広い。葉柄の基部は鞘状となる。
花：淡緑色で縁と中央が帯紫色。複散形花序。花序に短毛が密生。
分布：県内：丹沢、箱根、小仏山地／県外：本（中部、関東、東海地方）
生育地：林縁、草地、岩礫地
花期：8〜10月
メモ：フォッサ・マグナ要素の植物。イワニンジンの変種ノダケモドキは小葉が大きく、長さ5〜10cmで、1〜2回3出複葉。

白色系

シシウド Angelica pubescens
（猪独活）－セリ科、シシウド属

乙女峠

高さ：100〜200cm
茎は中空で太く有毛。
葉：2〜3回羽状複葉。小葉は楕円形。葉柄の基部は鞘状に膨らむ。
花：白色。複散形花序。花序の柄は不同長。花弁は5個で内側に曲がり、雄しべは長い。
分布：県内：沖積層（1万年前以降の地層）を除くほぼ全域／県外：本、四、九
生育地：林縁、草地
花期：6〜8月
メモ：日本固有種
丹沢周辺に多いシラネセンキュウは、3〜4回羽状複葉で小葉の幅が3cm以内。

夏

白色系

アカショウマ Astilbe thunbergii var. thunbergii
（赤升麻）－ユキノシタ科、チダケサシ属

高さ：50～90cm
茎下部と節は赤みを帯びる。
葉：3回3出複葉。頂小葉は狭卵形で基部はくさび形。小葉は細長く縁は重鋸歯。
花：白色。円錐状であまり分枝せず。花弁はさじ形で雄しべより短い。
分布：県内：丘陵～山地に広く分布／県外：本（東北南部～近畿）、四
生育地：林内、林縁、草地
花期：6～7月
メモ：良く似ているトリアシショウマとの違いは葉の基部と花序の分枝の有無をみる。

丹沢 平丸

フジアカショウマ Astilbe thunbergii var. fujisanensis
（富士赤升麻）－ユキノシタ科、チダケサシ属

高さ：30～60cm
葉：頂小葉の先端は鋭く尖り、基部は心形。
花：白色。円錐花序。花弁はヘラ型。ガク片と花柱先端は紅紫色を帯びる。
分布：県内：丹沢、箱根／県外：本（山梨、静岡）
生育地：岩場、風衝草原
花期：7～8月
メモ：フォッサ・マグナ要素の植物。
息を切らし夢中で歩いていたとき、鮮やかな紅紫色をした花（ガク片）が目に飛び込んできました。

丹沢主稜

夏

ヒトツバショウマ Astilbe simplicifolia
（一つ葉升麻）－ユキノシタ科、チダケサシ属

高さ：10〜35cm
葉：単葉。卵形〜長卵形で長い柄がある。浅く3裂し縁は重鋸歯。
花：白〜淡紅紫色。円錐花序。花弁はヘラ形で、雄しべは10個あり花弁より長い。
分布：県内：丹沢、箱根／県外：本（静岡県）
生育地：湿り気のある岩場
花期：6〜8月
メモ：フォッサ・マグナ要素の植物。神奈川と静岡県に分布。チダケサシ属の中で単葉は本種のみ－『神植誌2001』。

白色系

丹沢主稜

チダケサシ Astilbe microphylla
（乳茸刺）－ユキノシタ科、チダケサシ属

高さ：40〜90cm
葉：2〜4回奇数羽状複葉。小葉は卵形〜倒卵形。葉柄は長く、先端は普通鈍頭で縁は重鋸歯。
花：淡紅色。円錐花序。花弁はヘラ状線形で雄しべより長い。果実はさく果。
分布：県内：丹沢山地を除く全域／県外：本、四、九
生育地：草原、湿地
花期：6〜8月
メモ：夏採れる食用キノコのチチタケ・チダケ（傷をつけると白い乳液を出すそうです）をさして運んだことからついた名といいます。

箱根

夏

白色系

ヤグルマソウ Rodgersia podophylla
（矢車草） －ユキノシタ科、ヤグルマソウ属

高さ：100cmほど
葉：根生葉。長い柄がある。小葉は5個で先は3～5裂する。
花：白色。円錐花序。花弁は無くガク片。花茎8mmほどの小花を多数付ける。果実はさく果。
分布：県内：丹沢、箱根／県外：北（西南部）、本
生育地：林内、林縁
花期：6～7月
メモ：鯉のぼりに使われている矢車に似ていることからつけられたといいます。

西丹沢

クサアジサイ Cardiandra alternifolia var. alternifolia
（草紫陽花） －ユキノシタ科、クサアジサイ属

高さ：30～80cm
葉：互生。長楕円形～広披針形。縁の鋭い鋸歯がある。
花：白色～淡紅色。散房花序。周辺に装飾花がある。ガク片は3個で白色。
分布：県内：丹沢、箱根、／県外：本（関東以西）、四、九
生育地：林内、林縁
花期：7～10月
メモ：日本固有種
葉が小さく対生するのはハコネクサアジサイ var. hakonensis。

箱根　丹沢

夏

ギンバイソウ Deinanthe bifida
（銀梅草）－ユキノシタ科、ギンバイソウ属

高さ：40〜70cm
葉：対生。楕円形。葉には鋸歯があり、先端は2浅裂し尾状となる。両面に粗毛がある。
花：白色。散房状。花序ははじめ苞に包まれ球形をしている。雄しべは多数つき、雌しべは1個。果実はさく果。
分布：県内：丹沢／県外：本（関東以西）、四、九
生育地：沢筋
花期：7〜8月
メモ：日本固有種。美しい和名ですが、発音すると何か不快な感じがしますね。

白色系

キヨスミウツボ Phacellanthus tubiflorus
（清澄靫）－ハマウツボ科、キヨスミウツボ属

高さ：5〜12cm。茎は半分ほど地中に埋もれる。
葉：鱗片葉が多数つく。
花：白色。茎の先に多数の花をつける。花冠は長い筒状で、先端は唇形となり、上唇は2裂し、下唇は3裂。
分布：県内：丹沢、箱根／県外：北、本、四、九、／国外：朝鮮、中国、ウスリー、サハリン
生育地：湿った林内、岩場
花期：5〜7月
メモ：カシ類やアジサイ類に寄生するはずが、垂直の岩場にへばりつくようにくっついていた。何に寄生しているのだろう？

夏

白色系

ウバユリ Cardiocrinum cordatum
（姥百合）－ユリ科、ウバユリ属

高さ：50～100cm
葉：心形葉。茎の中程につく。長い柄を持ち網状脈がある。
花：緑白色。筒状花。1～8個横向きに付ける。
分布：県内：全域／県外：本（関東以西）、四、九
生育地：林内
花期：6～8月
メモ：ユリ科なのに葉は平行脈ではなく、網状の脈になっています。何処か変な感じがしましたが、『神植誌』ではユリ属では無くウバユリ属としていました。

丹沢山

オオバイケイソウ Veratrum grandiflorum var. maximum
（大梅蕙草）－ユリ科、シュロソウ属

高さ：60～150cm
葉：互生。広楕円形。
花：白色。円錐花序。花弁は6個で、基部に緑色の部分がある。花被片の長さは15～20mm。花径は2cm以上。
分布：県内：丹沢、箱根／県外：本（関東～中部地方）
生育地：林内
花期：7～8月
メモ：基本種のバイケイソウ var. grandiflorum の花は淡緑色で、花被片の長さは12～15mm。県内で見られるものはすべてオオバイケイソウである－『神植誌2001』。

丹沢・三国山

夏

ヤマユリ Lilium auratum
（山百合）－ユリ科、ユリ属

高さ：100〜150cm
葉：互生。広披針形。3脈が目立つ。
花：白色。漏斗形。花弁は6個で、先は反転する。中央に黄色の線が通り、赤褐色の斑点が入る。斜め下向きに開く。
分布：県内：全域／県外：本（近畿以東）
生育地：林床
花期：6〜8月
メモ：日本固有種
1951年（昭和26年）神奈川県の県花に指定。
鱗茎を乾燥させたものを生薬名で百合（びゃくごう）。というそうです。

箱根・標高1,200m 付近

白色系

トチバニンジン Panax japonicus
（栃葉人参）－ウコギ科、トチバニンジン属

高さ：50〜80cm
葉：輪生。掌状複葉。小葉は3〜5個つき、柄のある倒披針形〜倒卵形で先は尖る。
花：淡黄緑色。散形花序。果実は赤く熟す。
分布：県内：丹沢、箱根／県外：北、本、四、九
生育地：林内
花期：6〜8月
メモ：和名の栃葉は、一見するとトチノキの掌状複葉に似ていることから、また人参はその姿がオタネニンジン（朝鮮人参の別称）に似ていることから。

花実（箱根・標高900m 付近）

夏

アリドオシラン Myrmechis japonica
（蟻道し蘭）－ラン科、アリドオシラン属

白色系

　樹林の中を登っていくと、僅かに開けた場所があり、敷きつめられた枯葉の中から数株アリドオシランが顔を出していました。登山靴でそばを歩くだけでも倒れてしまいそうな、弱々しい感じですが、小さいながらも凛とした姿には、高貴さが漂っていました。
　希少植物の保護に熱心な山では、様々な対策を立てていますが、'登山者は山道を外さずに歩いて下さい' と、山歩きの基本をこの花は訴えているようでした。

高さ：5～10cm。茎は無毛で地を這い斜上する。花茎は有毛。
葉：互生。広卵形。柄があり3～5個つく。
花：白～淡紅色。鐘形。長さ1cmほどの花を1個（時に2～3個）横向きにつける。唇弁の先端は2裂する。果実は卵形のさく果。
分布：県内：箱根／県外：北、本（近畿地方以北）、四／
国外：台湾、南千島
生育地：夏緑広葉樹や針葉樹林内
花期：7～8月
メモ：絶滅危惧ⅠA類
和名は'アリのように小さい事から'又、'アリドオシの葉に似ている事から'とありましたが、白い花が2個並んでいるとツルアリドシ（アカネ科。4弁花で長さ1cmほど）の小さな花を思い出します。

夏

オノエラン Chondradenia fauriei
(尾上蘭) －ラン科、オノエラン属

高さ：8～15cm
葉：地際に2個つく。長楕円形で基部は鞘状。
花：白色。花茎の先に2～6個総状につく。広披針形の苞がつく。
唇弁の先端は3浅裂し、基部にW形の黄色い模様がある。
距は太く、長さ3～4mm。果実は卵状楕円形。
分布：県内：丹沢、箱根／県外：本（中部地方以北）、紀伊半島
生育地：日当たりの良い草地、風衝地、岩場
花期：6～8月
メモ：絶滅危惧Ⅱ類。日本固有種で1属1種。
丹沢の稜線に咲くオノエランは背丈が14cmほどと大きく、また花の数も多かった。一方、箱根で見たものは背丈が伸びず10cm足らずと小さい株が多く見られた。

ミズチドリ Platanthera hologlottis
（水千鳥） －ラン科、ツレサギソウ属

高さ：50〜70cm
葉：互生。線状扙針形。5〜12個つく。
花：白色。穂状。唇弁は舌状で長く垂れ下がる。中央に縦の隆起がある。距は細く1cmほどある。
分布：県内：箱根／
県外：北、本、四、九／
国外：朝鮮、中国、シベリア
生育地：湿地
花期：6〜7月
メモ：絶滅危惧ⅠB類
形だけ見ると何処かトンボソウに似ていませんか。純白の花に鼻を近づけると、僅かですが品の良い香りがしました。

オオヤマサギソウ Platanthera sachalinensis
（大山鷺草） －ラン科、ツレサギソウ属

高さ：40〜60cm
葉：根際の2個が大きく、上部の葉は次第に小さくなる。
花：淡緑色。穂状に多数。唇弁は広線形。距は長く2cm程。果実はさく果。
分布：県内：丹沢／
県外：北、本、四、九／
国外：台湾、朝鮮、サハリン
生育地：林床
花期：7〜8月
メモ：絶滅危惧Ⅱ類
オオバナオオヤマサギソウは花全体が大きく距の長さも4cmと長い。絶滅危惧ⅠA類となっている。

白色系

夏

トンボソウ Tulotis ussuriensis
（蜻草）－ラン科、トンボソウ属

高さ：20～30cm
葉：茎の下部に2個。長楕円形。上部に鱗片葉が数個つく。
花：淡緑色。穂状に多数。唇弁は白っぽい黄緑色で3裂しT字状。中裂片は舌状。距の長さ5～10mmで、垂れ下がる。果実はさく果。
分布：県内：丹沢、箱根／県外：北、本、四、九／国外：朝鮮、中国、ウスリー
生育地：湿り気のある林内
花期：7～8月
メモ：県内のトンボソウ属2種のうち、もう1種のイイヌマムカゴ（距の長さ1.5mmほど）は最近は確認できない。

白色系

クモキリソウ Liparis kumokiri
（雲切草）－ラン科、クモキリソウ属

高さ：10～20cm
葉：根際に2個。広卵形。縁は波打ち、網目模様がはっきりしている。
花：淡緑色。総状に5～15個。唇弁は中央付近で下方に反り返る。ガク片、側花弁ともに線形。果実は棒状のさく果。
分布：県内：丹沢、箱根／県外：北、本、四、九／国外：朝鮮、中国、南千島
生育地：林内
花期：6～8月
メモ：和名の由来を蜘蛛に求め蜘蛛切草や蜘蛛散草とする説もある－『野草の名前』。

夏

白色系

ハコネラン Ephippianthus sawadanus
（箱根蘭）－ラン科、コイチヨウラン属

高さ：10～20cm
花茎は細い。
葉：根際に1個。卵形～長楕円形。
花：淡緑色。3～6個疎らにつく。唇弁の両側の縁に鋸歯がある。果実は楕円形のさく果。
分布：県内：丹沢、箱根／県外：本（埼玉、神奈川、静岡、奈良の各県）
生育地：林床
花期：6～7月
メモ：絶滅危惧Ⅱ類
基準産地は箱根になっていますが、まだ箱根で見たことはありません。

イタドリ Reynoutria japonica
（虎杖）－タデ科、イタドリ属

高さ：50～120cm
茎は地中を這い、春に筍状に茎が伸びる。丸く中空で節があり、節ごとに葉がつく。雌雄異株。
葉：互生。柄のある広卵形。
花：白～淡紅色。円錐花序。果実は黒褐色のそう果。
分布：県内：全域／県外：北、本、四、九、沖縄／国外：朝鮮、中国
生育地：草地、砂礫地、林縁
花期：7～10月
メモ：和名は痛取り（いたどり）からきたという。虎杖（こじょう）は漢名で生薬名。
花被が赤いベニイタドリ（メイゲツソウ）は箱根の駒ケ岳に生える。

箱根・標高1,000m 付近

夏

モウセンゴケ Drosera rotundifolia
（毛氈苔）－モウセンゴケ科、モウセンゴケ属

高さ：15〜20cm
葉：ロゼット状に根生し、柄の先に倒卵形の丸っこい葉をつける。
花：白色。総状花序で、片側に偏る。咲き始めはうずまき状。果実は長楕円形のさく果。
分布：県内：箱根仙石／県外：北、本、四、九／国外：中国東北部、千島、サハリン、カムチャッカ
生育地：酸性湿地
花期：7〜8月
メモ：絶滅危惧ⅠB類 食虫植物。

白色系

ヒナノウスツボ Scrophularia duplicato serrata
（雛の臼壺）－ゴマノハグサ科、ゴマノハグサ属

高さ：60〜100cm
茎は4角形で無毛。
葉：対生。卵状楕円形。柄があり縁に粗い鋸歯がある。
花：暗紫色。円錐花序。花冠の長さは1cm弱、上唇は2裂、下唇は3裂し、真ん中の1片は反り返る。花枝に腺毛が密生する。
分布：県内：丹沢、箱根／県外：本（関東以西）、四、九
生育地：林床
花期：7〜9月
メモ：まさに、言い得て妙な名前だと感心しました。また、子供の頃を思い出させてくれる不思議な響きを感じます。

箱根

夏

マルバダケブキ Ligularia dentata
（丸葉岳蕗）－キク科、メタカラコウ属

黄色系

檜洞丸

高さ：50〜120cm。茎の基部は直径約13mmと太い。
葉：茎の葉は2個つき、葉柄は膨れて茎を抱く。根生葉は腎円形で約30cmと大きく、縁には細かい鋸歯がある。
花：黄色。茎頂で枝を分け、直径8cmほどの頭花を散房状に2〜7個つける。舌状花は約10個。果実は1cm程のそう果。
分布：県内：丹沢、箱根、小仏山地／県外：本州（中部以北）、四／国外：中国
生育地：草原や、明るく肥沃な林内／花期：7〜8月
メモ：マルバダケブキはシカの採食にあわない為、丹沢のあちこちで増え続け群生しています。その場所は涼しい風が吹き抜ける所が多いようです。一方、箱根では群生すること無く、単独で時に数株が寄り添うように咲き、どこか痛々しい感じのする株が目に付きます。
葉は大きくて丸く、山岳地帯に咲き、フキに似るのでマルバダケブキ。素直過ぎてつまらないが、とても覚えやすい名ですね。
＊最近、丹沢だけでなく、南アルプスをはじめあちこちの山岳地帯でもシカの採食が問題になり、その対策が講じられています。貴重な高山植物が食べつくされ、残ったマルバダケブキだけが群生しているのはやはり不自然な姿ですね。

夏

キオン Senecio nemorensis
（黄苑）－キク科、キオン属

高さ：50～100cm
葉：互生。広披針形。ふちに鋭い鋸歯があり、両面に毛がある。
花：黄色。散房状。舌状花は黄色で普通5個。
分布：県内：丹沢、箱根／県外：北、本、四、九／国外：ユーラシア
生育地：草地、林縁
花期：8～9月

蛭ヶ岳

黄色系

サワギク Senecio nikoensis
（沢菊）－キク科、キオン属

高さ：50～100cm。茎は中空。
葉：互生。羽状に全裂。
花：黄色。散房状。舌状花は黄色で普通5個。冠毛は白色。
分布：県内：丹沢、箱根、他まばら／県外：北、本、四、九／
生育地：湿り気のある林内
花期：6～9月
メモ：別名ボロギク

大山

ハンゴンソウ Senecio cannabifolius
（反魂草）－キク科、キオン属

高さ：100～200cm。
葉：互生。羽状に3～7深裂。
花：黄色。散房状。舌状花は黄色で普通4～7個。
分布：県内：丹沢、箱根／県外：北、本（中部以北）／国外：東北アジア
生育地：草地、林縁
花期：8～9月

箱根

夏

メタカラコウ Ligularia stenocephala
（雌宝香）－キク科、メタカラコウ属

高さ：60〜100cm
葉：根生葉。三角状心形。縁に不ぞろいの鋭い鋸歯があり、基部の左右が張り出しとがる。柄は長い。
花：黄色。総状花序。下から順次咲く。舌状花は1〜3個。筒状花は6〜7個。
分布：県内：丹沢、小仏山地／県外：本、四、九／国外：中国、台湾
生育地：湿った林下
花期：6〜9月
メモ：絶滅危惧ⅠB類
オタカラコウはより大きく、舌状花は5〜9個、筒状花は10個以上。

コウゾリナ Picris hieracioides
（髪剃菜）－キク科、コウゾリナ属

高さ：30〜80cm。赤褐色の剛毛が生える。
葉：ロゼット状の根生葉で越冬し花期に枯れる。中程の葉は披針形で基部は茎を抱く。
花：黄色。舌状花。頭花は直径2〜2.5cm。果実は赤褐色のそう花。
分布：県内：全域／県外：北、本、四、九／国外：サハリン
生育地：草地
花期：6〜8月
メモ：髪剃（こうぞり）はカミソリの音便。菜は食用になるから。

箱根・長尾峠

黄色系

夏

キンレイカ Patrinia triloba var. palmata
（金鈴花）－オミナエシ科，オミナエシ属

高さ：20～60cm
葉：対生。柄があり掌状に3～5裂する。
花：黄色。小さな花を集散状に多数つける。花の基部に2～3cmの距がある。
分布：県内：丹沢、箱根／県外：本（関東以西の太平洋側）、九
生育地：岩場や草地
花期：7～8月
メモ：和名にある'鈴'は1つの小花の形が仏具の鈴（すず）に似ることから－『野草の名前』。

箱根

クサレダマ Lysimachia vulgaris var. davurica
（草連玉）－サクラソウ科、オカトラノオ属

高さ：30～90cm
葉：対生又は輪生。披針形。
花：黄色。円錐花序。花冠は5深裂。雄しべの基部はゆ着している。
分布：県内：箱根、県央～多摩丘陵／県外：北、本、九／国外：朝鮮、中国、シベリア
生育地：湿地
花期：7～8月
メモ：入笠山で初めて聞いたとき'腐れ玉'かと思いました。正しくは'草・連玉'。江戸時代に南蛮渡来の花木'連玉'が流行。その花と同じ黄色花だが、草である－『野草の名前』。きっと鮮やかな黄色が印象的だったのでしょう。

箱根

黄色系

夏

黄色系

イワキンバイ Potentilla dickinsii
（岩金梅）－バラ科、キジムシロ属

丹沢・標高1,600m 付近

高さ：5～20cm
地上走出枝は無い。
葉：根生葉は3出複葉で、葉裏は白っぽく伏毛がある。茎に小さな葉を1～3個つける。
花：黄色。5弁花で、花茎1cmほど。
分布：県内：丹沢、箱根／県外：北、本、四、九
生育地：高所の岩場
花期：6～7月
メモ：岩場の隅で身を隠すようにして黄色の花を輝かせていました。

ヒメヘビイチゴ Potentilla centigrana
（姫蛇苺）－バラ科、キジムシロ属

高さ：茎はつる状
葉：3小葉。小葉は長さ1～3cm。葉裏は白っぽい。
花：黄色。5弁花で、花茎7mmほど。果実はそう果。
分布：県内：箱根／県外：北、本、四、九／国外：朝鮮、中国、シベリア南東部
生育地：草地
花期：6～8月
メモ：同じ3小葉からなるヘビイチゴ（花茎約1.5cm）やヤブヘビイチゴ（花茎約2cm）のように、果実は赤くならず緑っぽい。

夏

ダイコンソウ Geum japonicum
（大根草）－バラ科、ダイコンソウ属

高さ：50～80cm
葉：根生葉は羽状複葉で、頂小葉は大きく側小葉は大小不ぞろい。
茎葉は互生で3裂する。
花：黄色。5弁花。雄しべと雌しべは多数。
果実はそう果で球形の集合果となり、雌しべはカギ状。
分布：県内：全域／県外：北、本、四、九／
県外：中国
生育地：林内
花期：6～7月
メモ：春先のロゼット状の根生葉は大根の葉と良く似ています。

黄色系

丹沢表尾根

ミツモトソウ Potentilla cryptotaeniae
（水元草）－バラ科、キジムシロ属

高さ：50～80cm
全体に毛が多い。
葉：3小葉。小葉は狭卵形。鋸歯があり、葉裏は有毛。
花：黄色。5弁花。花茎約1cm。花弁の間から、尖ったガク片が見える。果実は半円形のそう果。
分布：県内：丹沢、箱根／県外：北、本、四、九／国外：中国東北部、シベリア南東部
生育地：湿地
花期：7～9月
メモ：山の谷間で、水が滲み出ているような場所に自生するので水元草－『野草の名前』。

箱根

夏

黄色系

カキラン Epipactis thunbergii
（柿蘭）－ラン科、カキラン属

高さ：30〜70cm
葉：互生。狭卵形。5〜8個つく。
花：黄褐色。唇弁の先は矢印状で、中央にV字型の斑紋がある。内側に紅紫色のすじが入る。
分布：県内：丹沢、箱根／県外：北、本、四、九／国外：朝鮮、中国東北部、ウスリー
生育地：日当たりの良い湿地
花期：6〜7月
メモ：絶滅危惧ⅠB類
和名は柿色に似ている事から。この花を始めて見た時、私も最初に柿を思い出しました。

キツリフネ Impatiens noli-tangere
（黄釣舟）－ツリフネソウ科、ツリフネソウ属

丹沢山山麓・600m付近

高さ：30〜80cm。全体に無毛。
葉：互生。長楕円形〜卵形。柄があり、縁に粗い鋸歯がある。
花：淡黄色。内側に紅い斑点がある。距は垂れ下がる。果実は紡錘形のさく果。
分布：県内：全域／県外：北〜九／国外：東ア、北アメリカ、ヨーロッパ
生育地：湿った林内。
花期：7〜10月

夏

サガミジョウロウホトトギス Tricyrtis ishiiana var. ishiiana
（相模上臈杜鵑草）－ユリ科、ホトトギス属

高さ：20～60cm
葉：互生。長楕円形。葉先は尾状に尖り、基部は茎を抱く。
花：黄色。総状。筒状花。基部に短い距がある。茎の先端に数個下向きにつける。
分布：県内：丹沢
生育地：高所の岸壁
花期：8～9月
メモ：フォッサ・マグナ要素の植物で、神奈川県の固有種。
静岡県の一部に変種のスルガジョウロウホトトギス var. surugensis がある。

黄色系

タマガワホトトギス Tricyrtis latifolia
（玉川杜鵑草）－ユリ科、ホトトギス属

高さ：40～80cm
花序を除き無毛。
葉：互生。広楕円形。基部は茎を抱く。
花：黄色。散房花序。花柱は3裂し、裂片は更に2裂する。花被に紫褐色の斑点が入る。茎の頂や上部の葉腋につく。
分布：県内：丹沢／県外：北、本、四、九
生育地：林内
花期：7～9月
メモ：黄色い花色の印象からヤマブキを思い浮かべ、その名所である京都井出の玉川の地名を付けたのでしょうか。

夏

ヒトツバイチヤクソウ Pyrola japonica var. subaphylla
（一つ葉一薬草）－イチヤクソウ科、イチヤクソウ属

高さ：10～20cm。花茎は赤みを帯びる。
葉：根ぎわに普通は1個。今回見たのは2～5個。柄のある円形～広楕円形。葉脈に沿って白いすじが入る。
花：桃色～濃紅色。花茎の先に数個～7個の花をつける。花冠の大きさは1cmほど。雄しべは10個、葯は赤紫色。雌しべは花冠から突き出る。ガク片は三角形で先は尖る。
分布：県内：－／県外：北、本
生育地：林内
花期：6～7月
メモ：花が紅色を帯びるのでベニバナイチヤクソウと良く似ていますが、葉と鱗片の特徴からヒトツバイチヤクソウであることが分かりました。しかし、ヒトツバイチヤクソウの葉は1個（まれに2個）で、今回見たような4～5個というのはどういうことなのか。しかし、イチヤクソウの赤花タイプの変異と見れば、葉が4～5個あってもおかしくない。今から20年以上前に見つかっているヒトツバイチヤクソウ－『神植誌2001』、と今回のものとどういう関係になるのか、とても興味のあるところです。

イワアカバナ Epilobium cephalostigma
（岩赤花）－アカバナ科、アカバナ属

丹沢主脈

高さ：15～60cm
茎の毛はまばら。
葉：対生。長楕円状披針形。柄はほとんど無い。
花：白色～淡紅色。花弁は4個。花径4～7mm。柱頭は丸い。果実はさく果で、伏毛がある。
分布：県内：丹沢、箱根、小仏山地／県外：北、本、四、九／国外：東北アジア～東アジア（アムール、ウスリー、中国東北部、千島、サハリン）
生育地：湿地や岩場
花期：7～8月
メモ：アカバナは雌しべの柱頭がこん棒状。

赤～青系

ケゴンアカバナ Epilobium amurense
（華厳赤花）－アカバナ科、アカバナ属

蛭ヶ岳

高さ：30cmほど
茎の稜線に2列の短い伏毛がある。
葉：対生。長楕円形～卵状披針形。葉脈と縁は有毛。
花：淡紅色。花径4～7mm。柱頭は丸い。果実は長さ2.5～5cmのさく果。
分布：県内：丹沢／県外：北、本、四／国外：東北アジア～東アジア
生育地：林縁、岩場
花期：7～8月
メモ：和名の'華厳'は日光華厳の滝近くで見つかったことから。
ヒメアカバナは葉が線形で、柱頭がこん棒状。

夏

タニタデ Circaea erubescens
（谷蓼）－アカバナ科、ミズタマソウ属

高さ：20～50cm
茎は赤みを帯び無毛。
葉：対生。長卵形。先は尖り、ふちに波状の鋸歯がある。
花：白～淡紅色。総状花序。花弁の先は3裂する。花弁、ガク、雄しべ共に2個ずつ。果実は倒卵形でかぎ状の毛がある。
分布：県内：丹沢、箱根／県外：北、本、四、九／国外：中国、台湾
生育地：林内
花期：7～9月
メモ：稜線の草むらから顔を出していました。

丹沢主脈

イヌタデ Persicaria longiseta
（犬蓼）－タデ科、イヌタデ属

高さ：20～50cm
茎は赤みを帯びる。
葉：互生。披針形。葉先は徐々に尖る。
花：紅色。総状花序。小花を密につける。花被は5裂する。
果実はそう果。
分布：県内：全域／県外：北、本、四、九／国外：アジア
生育地：草地
花期：6～10月
メモ：別名アカマンマ　ナガボハナタデはハナタデの変種で花序の枝が細く花はより疎らにつく。

ナガボハナタデ　不動ノ峰

赤～青系

夏

ヤマオダマキ Aquilegia buergeriana
（山苧環）－キンポウゲ科、オダマキ属

高さ：30～50cm
茎上部に軟毛がある。
葉：根生葉。2回3出複葉。小葉は長い柄のある扇形。
花：ガク片は紫褐色、花弁は黄色。花弁の基部は距となり先は小さな球となる。
分布：県内：丹沢、箱根／県外：北、本、四、九
生育地：草地、林縁、岩場
花期：6～8月
メモ：苧環（おだまき）は糸を丸く巻きつけたもの。花の形は'わく糸巻き'に似て、苧環には似ていない。しかしオダマキの名がついた。

シモツケソウ Filipendula multijuga
（下野草）－バラ科、シモツケソウ属

高さ：20～100cm
葉：互生。奇数羽状複葉。頂小葉は大きく、掌状に5～7中裂する。
花：紅色。散房花序。茎頂に直径5mm程の小花を多数つける。花序は無毛。果実はそう果で無毛。
分布：県内：丹沢、箱根／県外：本（関東以西）、四、九
生育地：草地、林縁
花期：7～8月
メモ：日本固有種
花柄はシモツケとよく似ていますが、シモツケは木本、シモツケソウは草本。

ツリフネソウ Impatiens textorii
（釣舟草） －ツリフネソウ科、ツリフネソウ属

丹沢表尾根

高さ：30～80cm
茎は赤みを帯び、突起毛がある。
葉：互生。菱状楕円形。先は尖り、縁に鋸歯がある。
花：紅紫色。距の先端は渦巻き状。果実は紡錘形のさく果。
分布：県内：全域／県外：北～九／国外：朝鮮、中国東北部
生育地：湿地
花期：8～10月

メモ：和名は、ぶら下がっている花の姿が花器の'釣舟'に似るので－『野草の名前』。また、単に船を吊り下げたように見える事から、と言う説もあるが、可愛らしい花の姿は花器からの連想の方が似合う。

コマツナギ Indigofera pseudotinctoria
（駒繋ぎ） －マメ科、コマツナギ属

箱根

高さ：1mほど。草本状の小低木。茎に伏毛がある。
葉：対生。奇数羽状複葉。小葉は長楕円形で10個前後。両面に丁字毛が生える。
花：紅紫色。総状花序。蝶形花で長さ4mm。花序の長さは普通10cm以下。豆果は3cm程の円注形。
分布：県内：全域／県外：本、四、九／国外：朝鮮、中国
生育地：林縁
花期：7～9月
メモ：駒繋ぎという名がつくほど茎は丈夫そうです。

イヌゴマ Stachys riederi var. hispidula
（犬胡麻）－シソ科、イヌゴマ属

赤〜青系

高さ：30〜70cm
茎は4稜で、刺状の毛が生え、ざらつく。
葉：対生。3角状披針形。葉裏の中脈に刺状の毛がある。
花：淡紅色。茎頂に花穂をつくり唇形花を輪生。下唇は3裂し赤い斑紋がある。
分布：県内：ほぼ全域／県外：北、本、四、九／国外：朝鮮、中国、モンゴル、サハリン、シベリア
生育地：湿った草地
花期：7〜8月
メモ：実は胡麻に似ているが食用にはならない。

駒ケ岳

ウツボグサ Prunella vulgaris subsp. asiatica
（靫草）－シソ科、ウツボグサ属

高さ：10〜30cm
茎は4稜で白毛が密生。
葉：対生。長楕円状披針形。長さ1〜3cmの葉柄があり白毛が密生する。
花：紫色。茎頂に花穂をつくり、唇形花は苞葉の基部につく。上唇はかぶと状で背面に白い毛が生える。下唇は3裂。
分布：県内：ほぼ全域／県外：北、本、四、九／国外：朝鮮、中国、台湾、サハリン、ウスリー、アムール
生育地：草地
花期：6〜8月
メモ：褐色の花穂は薬用に利用。生薬名は夏枯草（カコソウ）。

陣馬山

夏

ナツノタムラソウ Salvia lutescens var. intermedia
（夏の田村草）－シソ科、アキギリ属

赤～青系

西丹沢

高さ：20～70cm
茎は4角で、無毛または軟毛が生える。
葉：羽状複葉～2回羽状複葉。小葉は卵形～楕円状卵形で、先端は鋭頭。
花：青紫色。茎頂に長さ10～20cmの花穂をつくり唇形花を輪生する。花冠の外面に短毛が生える。雄しべと雌しべは花冠から長く突き出る。
分布：県内：丹沢、箱根／県外：本（東海、近畿地方）
生育地：林縁
花期：6～8月
メモ：まだ梅雨のあけぬ7月の中頃、稜線の草むらで、さも涼しげに花を咲かせていた。

ヤマジオウ Lamium humile
（山地黄）－シソ科、オドリコソウ属

箱根

高さ：5～10cm
茎に下向きの白毛がある。
葉：対生。倒卵形。2～3対が上部につく。縁に粗い鋸歯がある。
花：淡紅色。唇形花。上唇は直立し、下唇は3裂する。花冠外面に毛が密生する。
分布：県内：箱根／県外：本（神奈川以西の太平洋側）、四、九
生育地：林内
花期：7～8月
メモ：山道脇にへばりつくように群れ、小さなお花が仲良く手をつないでいるようでした。

夏

マルミノヤマゴボウ Phytolacca japonica
（丸実の山牛蒡）－ヤマゴボウ科、ヤマゴボウ属

高さ：100cm 以上
果期になっても茎は直立。
葉：長楕円形。葉先は尖る。
花：淡紅色。総状花序。
5弁花はガク片で直径6mmほど。果期になるとガク片は濃紅色に変わる。果実は球形の液果。
分布：県内：丹沢周辺／
県外：本（関東以西）、四、九
生育地：林内、林縁
花期：6〜9月
メモ：県内に生育する3種のうち、在来種は本種のみ。ヤマゴボウは中国原産、ヨウシュヤマゴボウは北アメリカ原産の帰化植物。

醍醐丸〜陣馬山

赤〜青系

ツユクサ Commelina communis
（露草）－ツユクサ科、ツユクサ属

高さ：20〜50cm
葉：互生。卵状披針形。
花：鮮青色。花柄は苞から突き出る。花は一日花。
分布：県内：全域／
県外：北、本、四、九／
国外：朝鮮、中国、ウスリー
生育地：草地
花期：6〜9月
メモ：別名ボウシバナ
色が付きやすいことから昔から染料として使われていたそうです。万葉集に、つきくさ（鴨頭草）の名で何首か詠まれています。一途な女性の心をツユクサにかけて歌っているようです。

姥子・標高1,000m 付近

夏

クルマユリ Lilium medeoloides
（車百合）－ユリ科、ユリ属

高さ：30～70cm
葉：輪生。線状披針形～狭卵形で柄は無い。葉は8～12個。茎の上部には小さな葉が3～4個つく。
花：朱赤色。茎頂に1～2個つける。6個の花弁は強く反り返り、下向きに咲く。果実は倒卵形で3稜のあるさく果。
高山で見るクルマユリには濃紅色の斑点があるが、丹沢産には無い。
分布：県内：丹沢／県外：北、本（近畿地方以北）、四／国外：朝鮮、中国、千島、サハリン、カムチャッカ
生育地：林内／花期：7～8月
メモ：絶滅危惧ⅠA類

一時期、シカの採食の高まりもあり、すっかり姿を消し見ることの無かったクルマユリを、最近数箇所で目にするようになった。真夏、あまり登山客も訪れない稜線の草叢で、その端正な姿を見たときは涙が出るほどうれしかった。丹沢の山にクルマユリやクガイソウなどの高山植物が復活し、誰でも見られるようになることを願い、山を訪れるみんなで環境保全につとめようではありませんか。

シュロソウ Veratrum maackii var. reymondianum
（草）－ユリ科、シュロソウ属

高さ：50～90cm。基部にシュロ状の繊維がある。
葉：茎の下部に集まる。長楕円形で、幅3cm以上。
花：紫褐色。円錐花序。花茎は1cmほど。
分布：県内；丹沢、箱根／県外；北、本（中部以北）
生育地：湿った林内
花期：6～9月
メモ：葉の幅が3cm以下はホソバシュロソウ var. maackii。その花被片が黄緑色の一型をアオヤギソウという。又、ホソバシュロソウとの中間型で花被片が黄緑色の一型をホソベンアオヤギソウという－『神植誌2001』より。

生藤山

アオヤギソウ
var. maackii
form. virescens

金時山

ホソベンアオヤギソウ
var. reymondianum
form. polyphyllum

生藤山

イワギボウシ Hosta longipes
（岩擬宝珠）－ユリ科、ギボウシ属

丹沢主脈・樹幹

高さ：20～30cm
葉：根生葉。広卵形。表面は光沢がある。葉柄の基部に暗紫色の斑点があり紫色に見える。
花：淡紫色。花は疎らにつく。
分布：県内：丹沢、箱根、小仏山地／県外：本、四、九
生育地：樹幹、岩場
花期：8～9月
メモ：日本固有種

コバギボウシ Hosta sieboldii
（小葉擬宝珠）－ユリ科、ギボウシ属

丹沢表尾根

高さ：40～50cm
葉：根生葉。狭卵形～楕円形。表面の光沢はない。葉柄に暗紫色の斑点は無い。
花：淡紫色。紫色のすじが入る。
分布：県内：丹沢、箱根、小仏山地、他疎らに分布／県外：北、本、四、九
生育地：林内、草地
花期：7～8月
メモ：日本固有種

オオバギボウシ Hosta sieboldiana
（大葉擬宝珠）－ユリ科、ギボウシ属

西丹沢

高さ：50～120cm
葉：根生葉。卵状楕円形。葉の長さ30～40cmと大きい。
花：淡紫色または白色。多数の花をつける。
分布：県内：全域／県外：北、本（中部以北）
生育地：草地、岩場
花期：7～9月
メモ：日本固有種

オオバジャノヒゲ Ophiopogon planiscapus
（大葉蛇の鬚）－ユリ科、ジャノヒゲ属

高さ：20～30cm
常緑の多年草で、地中に長い走出枝をのばして増える。
葉：幅4～8mm。
花：淡紫色まれに白色。総状花序。花は下向きに咲く。
分布：県内：丹沢の高地と海岸地域を除きほぼ全域／県外：本、四、九
生育地：林床
花期：6～7月
メモ：良く似たジャノヒゲ（別名リュウノヒゲ）O. japonicus は、葉の幅が2～4mmと狭く、高さも10cmと小さい。

陣馬山

ヒメヤブラン Liriope minor
（姫藪蘭）－ユリ科、ヤブラン属

高さ：10～15cm
葉：線形。幅1.5～3mm。
花：淡紫色。6弁花。茎頂に小さな花を上向きにつける。
分布：県内：ほぼ全域／県外：北、本、四、九／国外：朝鮮、中国、東南ア
生育地：草地
花期：6～8月
メモ：ヤブラン L.muscari（写真右下）の葉は、幅5～15mm、脈の数は11～15。花は総状花序につく。山地を除き全域に分布。

火打石岳　ヤブラン

コオニユリ Lilium leichtlinii var. maximowiczii
（小鬼百合）－ユリ科、ユリ属

高さ：100〜200cm。
茎に斑点はない。
葉：互生。線状披針形。幅5〜12mm、長さ8〜15cm。
花：橙赤色。濃い斑点がある。花被片は強く反転する。
分布：県内：丹沢、箱根、小仏山地、他疎ら／県外：北、本、四、九／国外：朝鮮、中国、ウスリー
生育地：草地
花期：7〜8月
メモ：オニユリに似ているが全体に小型で、葉腋にむかごはつかない。

陣馬山

ネジバナ Spiranthes sinensis var. amoena
（捩花）－ラン科、ネジバナ属

高さ：10〜40cm
葉：基部に互生。広線形。
花：淡紅色。らせん状に多数つく。唇弁は白色、倒卵形で先は下方に半曲し、縁に鋸歯がある。ガクと側花弁は披針形。果実はさく果で楕円形。
分布：県内：全域／県外：北、本、四、九、小笠原／国外：サハリン以南のアジア、オーストラリア、タスマニア、ニュージーランド
生育地：日当りの良い草地
花期：5〜8月
メモ：別名モジズリ
ルーペで小さな花をのぞくと、自然が作り出す造形の不思議さが伝わってきます。

塔ノ岳

クガイソウ Veronicastrum japonicum
(九蓋草、九階草) －ゴマノハグサ科、クガイソウ属

稜線の急斜面に1株だけ咲いていました。
高さは約45cm。花穂は5cmほど、葉は4個輪生。
標準的なクガイソウに比べかなり小さかった。

高さ：80〜130cm
葉：4〜8個輪生し、6〜9層となる。長楕円形で先端は尖り、ふちに鋸歯がある。葉柄はほとんど無いか、あっても短い。
花：青紫色〜淡紫色。茎の先に総状にびっしりつき、下から順次咲く。長さ1〜3mmほどの花柄がある。果実は卵状円錐形のさく果。
分布：県内：丹沢／県外：本州（中国地方以北）／国外：東アジア
生育地：林縁草地／花期：7〜9月
メモ：絶滅危惧ⅠA類
『神植誌2001』で絶滅種と記されていたが、『神RDB2006』で絶滅危惧ⅠA類となる。絶滅種の多い中、このように復活する種もある。生物が生きていく為の環境保全の大切さを我々に訴えかけているようでした。クガイソウは種子をいっぱい付けるので'いつか出会うチャンスがあるのでは'と信じていました。

イワタバコ Conandron ramondioides var. ramondioides
（岩煙草）－イワタバコ科、イワタバコ属

高さ：10～20cm
根茎以外は無毛。
葉：楕円状卵形の葉を1～2個根生する。表面にしわが多く、不ぞろいの鋸歯があり、無毛。
花：紅紫色。散形花序。花冠は5裂するが（4裂もあった）。果実はさく果。
分布：県内：丹沢、箱根、小仏山地／県外：本（福島以西）、四、九／
国外：中国、台湾
生育地：湿った岩場
花期：7～8月
メモ：和名はタバコの葉に似ることによる。若菜は食べられる。

西丹沢

ケイワタバコ Conandron ramondioides var. pilosum
（毛岩煙草）－イワタバコ科、イワタバコ属

高さ：10～20cm
葉：イワタバコよりしわが多く、葉柄も短い。葉裏に毛がある。
花：紅紫色。花茎やガクに毛がある。
分布：県内：丹沢、箱根、三浦半島／県外：本（福島以西）、四、九／
国外：；中国、台湾
生育地：湿った岩場
花期：6～7月
メモ：イワタバコと同様の環境に生える。西丹沢では岸壁に、隣同士で群生し住み分けていた。花はケイワタバコの方が約一ヶ月早い。

西丹沢

オオナンバンギセル Aeginetia sinensis
（大南蛮煙管）－ハマウツボ科、ナンバンギセル属

高さ：15〜20cm
葉：鱗片葉が数個つく。
花：淡紫色。筒状で先端は5浅裂。ガクは黄色味が無く白っぽい淡紅紫色。
分布：県内：丹沢、箱根／県外：本、四、九／国外：中国
生育地：主にヒカゲスゲなどのスゲ類に寄生。
花期：7〜9月
メモ：ナンバンギセルの古名は「思い草」。万葉集の10-2270に'〜尾花が下の思い草〜'とある。ススキの陰でひっそりと咲いている草に、恋に破れた自分を重ねたのでしょうか。

ナンバンギセルのガクは黄色で、淡紅紫色のすじが入る。

ノハナショウブ Iris ensata var. spontanea
（野花菖蒲）－アヤメ科、アヤメ属

高さ：40〜80cm
葉：剣状。中脈が目立つ。
花：赤紫色。外花被片の中央基部に黄色い斑紋がある。果実は楕円形のさく果。
分布：県内：丹沢、箱根／県外：北、本、四、九／国外：中国、朝鮮、シベリア東部
生育地：湿原
花期：6〜7月
メモ：絶滅危惧ⅠB類
万葉集で歌われている菖蒲草（あやめぐさ、8-1490）はサトイモ科の菖蒲（しょうぶ）の事。

サワギキョウ Lobelia sessiliforia
（沢桔梗） －キキョウ科、ミゾカクシ属

高さ：50〜100cm。茎は中空で分枝せず、無毛。
葉：互生。柄の無い披針形。ふちに浅い鋸歯がある。多数らせん状につく。
花：濃紫色。上部に左右相称の花を多数総状につける。
上唇は2深裂し、反り返る。下唇は3中裂し、裂片のふちには長毛がある。雄しべ5個は合着し筒状になり、雌しべを抱き、上唇の裂け目から上へ突き出る。果実は直径1cm程の球形のさく果。
分布：県内：箱根／県外：北、本、四、九／国外：朝鮮、中国、サハリン、千島、シベリア東部、カムチャッカ
生育地：沢近くの湿った草地
花期：8〜9月
メモ：絶滅危惧ⅠB類
沢に咲くキキョウと言っても、キキョウとは全く似ていません。花の色がよく似ていることから付けられた名。

ヤマホタルブクロ Campanula punctata var. hondoensis
（山蛍袋）－キキョウ科、ホタルブクロ属

丹沢・標高1,600m付近

赤～青系

高さ：30～60cm
葉：互生。三角状卵形～披針形。ふちに不揃いの鋸歯がある。根生葉は花期には枯れる。
花：白～紅紫色。鐘形で下向きに咲く。ガク裂片の間は小丘状に盛り上がる。種子に狭い翼がある。
分布：県内：全域に分布／県外：本州東北南部～近畿地方
生育地：山地の草地やガレ場
花期：7～8月
メモ：日本固有種。
丹沢や箱根の高所で見られるものは全体に背丈が低い。色合いは高地になるほど紅紫色が濃くなり鮮やかだ。
和名の由来に、'ホタルを入れて遊ぶ'説が知られているが、試した結果、実際的ではないという意見がある。形が提灯に似ていることから'火垂る袋'を語源とする説もある－『植物名の由来』。
低地に多いホタルブクロは、ガク裂片の間に三角状の反り返った付属体があるが、ヤマホタルブクロには無い。

夏

イワシャジン Adenophola takedae
（岩沙参） －キキョウ科、ツリガネニンジン属

イワシャジンは丹沢のあちこちの岩崖地や渓流沿いで見ることが出来、群れていることも多い。
一方、箱根では'一人静かに'と言う感じで、岩に寄り添うように咲いていました。丹沢では11月末頃まで咲いているところもあります。
貴婦人のような、このイワシャジンを登山者みんなで大切に見守り、何時までも残したいものです。

長さ：30～70cm。茎は細く、岩場や崖から下垂する。
葉：互生。茎葉は柄のある披針形～広線形。根生葉は楕円形。
花：紫色。細い花柄の先に1個つける。花冠は鐘形で、長さ2.5cmほど。ガクは線形で、まばらに鋸歯がある。
分布：県内：丹沢、箱根／県外：本州の中部地方東南部と関東地方西部（長野、山梨、静岡県）
生育地：岩崖地
花期：8～10月
メモ：日本固有種。フォッサ・マグナ要素の植物。
和名の'沙参'はツリガネニンジンの漢名。又、その根の生薬名－『広辞苑』、とある。又、イワシャジンの根がツリガネニンジンに似ていることから－『野草の名前』。
南アルプスの鳳凰三山で見られるホウオウシャジンはこのイワシャジンの高山型－『日本の高山植物』。本当によく似ています。

ノビネチドリ Gymnadenia camtschatica
（延根千鳥）－ラン科、テガタチドリ属

高さ：20～50cm
葉：互生。長楕円形。葉は4～10個。脈が目立ちふちは波打つ。上部の葉は小さく先は尖る。
花：淡紅紫色。茎頂に穂状に多数つく。唇弁の先は3浅裂する。
距は約4mmで前方へ湾曲する。苞は披針形。果実は円柱状のさく果。
分布：県内：丹沢／県外：北、本、四／国外：東北アジア（千島、サハリン、カムチャッカ）
生育地：湿り気のある草原、林縁、渓谷沿い
花期：5～7月
メモ：絶滅危惧ⅠA類

赤～青系

ノビネチドリの'ノビネ'は、根が太く、円柱状に伸びることから。

ウチョウラン Ponerorchis graminifolia
（羽蝶蘭）－ラン科、ウチョウラン属

高さ：5～20cm
葉：互生。線形。2～4個つき茎を抱く。
花：紅紫色。唇弁は3深裂。
分布：県内：丹沢、箱根／県外：北、本、四、九、／国外：朝鮮、ウスリー、北アメリカ（東部）
生育地：湿った岩場
花期：7～8月
メモ：絶滅危惧ⅠA類
背丈5cmほど。地面にへばりつくように1株だけ咲いていました。
盗掘が心配されている花の1つです。

夏

シロテンマ Gastrodia elata form. pallens
（－）－ラン科、オニノヤガラ属

高さ：15～35cm
全体に淡黄褐色。
葉：膜質の鱗片葉が疎らにつく。
花：白色。総状。つぼ型の花を5～8個（今回10個）つける。
分布：県内：丹沢／県外：本
生育地：林内
花期：6～7月
メモ：絶滅危惧ⅠA類
ブナ林内のスズダケやナラタケ菌と共生している腐生植物。当初、オニノヤガラ（高さ1mほど、花色は黄褐色）と思いましたが、高さが35cmと低く、また花色が白く小さいことから変種のシロテンマであることが分りました。

キバナノショウキラン Yoania amagiensis
（黄花の鐘馗蘭）－ラン科、ショウキラン属

高さ：20～40cm
葉：葉は一つもつかない。
花：黄褐色。上向きに半開する。多肉質で、柄がある。
分布：県内：丹沢、箱根／県外：本（関東～紀伊半島）、四、九
生育地：林床
花期：7～8月
メモ：腐生植物。種小名（amagiensis）は天城山（静岡県）で発見されたことによる。和名のショウキランは5月人形で有名な鐘馗さまに似ている事から。

丹沢

コタヌキラン Carex doenitzii
（小狸蘭）－カヤツリグサ科、スゲ属

高さ：30〜60cm
葉：幅3〜5mm。裏面はやや粉白色。基部の葉鞘は赤褐色。
小穂：雌花の鱗片は赤褐色。果胞は狭卵形で、鱗片より短く、全体に小さな刺がある。嘴は細長く、先端は2裂。
分布：県内：箱根／県外：北、本（近畿以北）、九（屋久島）
生育地：草地や岩隙
花期：6〜7月
メモ：絶滅危惧Ⅱ類
日本固有種。
本当に可愛らしく、暫くたたずんで眺めていました。

茶・その他

ヒメスゲ Carex oxyandra
（姫菅）－カヤツリグサ科、スゲ属

高さ：10〜50cm
茎は3稜形
葉：幅2〜3mm。葉身は長く、苞は葉身が発達せず無鞘。
小穂：最下を除き、頭状に3〜6個つく。頂小穂は雄性、側小穂は雌性。鱗片は黒紫色の卵形で先は尖る。果胞は膨らんだ3稜形で微毛があり鱗片より長い。
分布：県内：箱根／県外：北、本、四、九／国外：千島、サハリン、台湾
生育地：風衝地や硫気荒原
花期：5〜7月

夏

ミノボロスゲ Carex albata
（蓑ぼろ菅）－カヤツリグサ科、スゲ属

高さ：20～60cm
茎は3稜形でざらつく。
葉：幅は2～3mm。
花序：柄の無い小穂を沢山つける。小穂は雄雌性。卵状球形で長さ5～8mm。鱗片は赤褐色。苞葉は針状で短い。果胞は狭卵～披針形。
分布：県内：箱根、他（稀）／県外：北、本（中部以北）
生育地：湿った草地や水辺
花期：5～7月
メモ：日本固有種。由来は'蓑'を思わせるためとも、ぼろをまとっているように見えるためともいう－朝日百科『植物の世界』。

ノギラン Aletris luteoviridis
（芒蘭）－ユリ科、ソクシンラン属

高さ：20～50cm
葉：根生葉。倒披針形。
花：淡黄褐色。総状花序。花被片は6個で、基部は合着する。触っても粘らない。
分布：県内：丹沢、箱根／県外：北、本、四、九
生育地：風衝草地や岩場
花期：6～7月
メモ：和名のノギは花のそばにある線形の苞（葉）をイネ科の花につく芒（ノギ）に見立てた－『野草の名前』。
ネバリノギランはつぼ型で黄褐色の花を総状花序に付け、花茎上部と花被に腺点があり触ると粘る。

ユオウゴケ Cladonia theiophila
（硫黄苔） －ハナゴケ科、ハナゴケ属

子器は赤色。子柄は灰白緑色〜帯黄緑色で5cm程に成長し不規則に分枝する。
分布：県内：箱根／県外：北、本、四、九／国外：北米西部
生育地：硫黄の臭気のある場所
花期：6〜8月
メモ：硫黄の臭気を好む地衣。春になると、赤いベレー帽を被った小人達が固まりになって立ち並ぶ。何を話しているのか。

レンゲショウマ Anemonopsis macrophylla
（蓮華升麻） －キンポウゲ科、レンゲショウマ属

白色系

高さ：40〜80cm
葉：根生葉と下部の葉は2〜4回3出複葉。小葉は卵形で粗い鋸歯がある。両面とも無毛。
花：淡紅紫色。まばらな総状につき、花は下向き。外側の開いているのはガク片で、紫色した丸いのが花弁。
分布：県内：丹沢、小仏山地／県外：本（福島〜奈良県の太平洋側）
生育地：林内
花期：7〜9月
メモ：絶滅危惧ⅠB類
1属1種の日本固有種。
清らかな感じのこの花を見ると心が洗われる思いがします。

秋

センニンソウ Clematis terniflora
（仙人草）－キンポウゲ科、センニンソウ属

高さ：木本性つる植物
葉：奇数羽状複葉。小葉は卵形でほぼ全縁、3～7個つく。
花：白色。白いのはガク片で、4個が十字形に開く。果実は扁平なそう果で、羽毛状の花柱が残る。
分布：県内：全域／県外：北、本、四、九／国外：朝鮮、中国
生育地：日のあたる林縁
花期：7～9月
メモ：晩秋、長い白毛をつけた種子を見ると、思わずニヤッとしてしまう。今時の子供達に仙人の頭が想像出来るのかと心配になる。全草有毒です！

陣馬山

白色系

ボタンヅル Clematis apiifolia var. apiifolia
（牡丹蔓）－キンポウゲ科、センニンソウ属

高さ：木本性つる植物
葉：1回3出複葉。小葉は広卵形で先は尖り、縁に欠刻状の鋸歯がある。
花：白色。花弁状の白いガク片が4個。
分布：県内：広く分布／県外：本、四、九／国外：朝鮮、中国
生育地：日のあたる林縁
花期：8～9月

大倉尾根

コボタンヅル Clematis apiifolia var.biternata
（小牡丹蔓）－キンポウゲ科、センニンソウ属

葉：2回3出複葉。縁に粗い鋸歯がある。
分布：県内：ほぼ全域／県外：本（関東～中部地方）
メモ：ボタンヅルの変種で、葉が異なる。県内ではボタンヅルよりも多く、普通。

姥子

秋

白色系

イヌショウマ Cimicifuga japonica
（犬升麻） －キンポウゲ科、サラシナショウマ属

陣馬山

高さ：40～90cm
葉：根生葉。1～2回3出複葉。掌状にさけ、鋸歯がある。
花：白色。穂状花序。白いのは雄しべで、ほとんど花柄はない。
分布：県内：広く分布／県外：本、四、九／国外：朝鮮、中国
生育地：やや湿った林内、林縁
花期：8～9月
メモ：犬とは、ある語に冠して、似て非なるもの、劣るものの意を表す語－『広辞苑』、とあるように、薬用・食用として有用なサラシナショウマに似てはいるが役立たないと言うことで、犬の名がついた。

サラシナショウマ Cimicifuga simplex
（晒菜升麻） －キンポウゲ科、サラシナショウマ属

箱根

高さ：40～150cm
葉：根生葉。2～3回3出複葉。小葉は卵形で、縁に不ぞろいの鋸歯がある。
花：白色。総状花序。白く見えるのは雄しべで、長さ5～10mmの花柄がある。果実は袋果。
分布：県内：ほぼ全域／県外：北、本、四、九／国外：朝鮮、中国、シベリア
生育地：林縁
花期：8～10月
メモ：早春、若葉を水の流れに晒してから、ゆでて山菜料理にしたことからついた名といいます。根茎は薬用に利用される。升麻は中国からきた生薬名。

秋

アキカラマツ Thalictrum minus var. hypoleucum
（秋唐松）－キンポウゲ科、カラマツソウ属

高さ：40〜150cm
葉：2〜4回3出複葉。小葉は楕円形。
花：淡黄白色。円錐花序。花弁は無い。雄しべは多数で、葯は淡黄色。果実はそう果。
分布：県内：全域／
県外：北、本、四、九／
国外：朝鮮、中国、モンゴル
生育地：林縁
花期：7〜9月
メモ：カラマツソウ属の花は僅かの雌しべと、それをとりまく多数の雄しべだけが残る。何か身につまされる思いがします。

陣馬山

白色系

オトコエシ Patrinia villosa
（男郎花）－オミナエシ科、オミナエシ属

高さ：60〜100cm
茎は太く毛が多い。
葉：対生。羽状に分裂した卵状長楕円形。頂裂片が最も大きい。
花：白色。多数の小花を集散状につける。果実は倒卵形。
分布：県内：全域／
県外：北、本、四、九／
国外：朝鮮、中国
生育地：日の当たる草地
花期：8〜10月
メモ：和名は女郎花（オミナエシ）に似るが、やや粗大なことから－『広辞苑』。

箱根・標高900m付近

秋

ウメバチソウ Parnassia palustris
(梅鉢草) －ユキノシタ科、ウメバチソウ属

高さ：10～50cm
葉：茎葉は丸い心形で茎を抱く。
花：白色。茎頂に一個。花径2cmほど。花弁と雄しべ共に5個。仮雄しべ（花粉を出さない）5個は、先が糸状に12～22裂し、先端に球状の黄色の腺体がつく。果実は広卵形のさく果。
分布：県内：丹沢、箱根／県外：北、本、四、九／国外：台湾、千島、サハリン
生育地：草原や湿った草地
花期：9～11月
メモ：絶滅危惧ⅠB類
和名の'梅鉢草'は、花の形が天満宮の紋所として有名な梅鉢紋に似ているところからついた－『植物の世界』－朝日百科。

丹沢で花茎12mmほどの小さなウメバチソウを見た。仮雄しべの数は8～11個。「高山植物」として扱われているコウメバチソウとおなじだ。しかし小型のウメバチソウであれば、仮雄しべの数も当然少ない、と言う意見もあり、両者を分ける必要はないのかもしれない。

シラヒゲソウ Parnassia foliosa var. nummularia
(白髭草) －ユキノシタ科、ウメバチソウ属

高さ：15～30cm
葉：心形で茎を抱く。
花：白色。花弁は5個で、縁は細かく避ける。
分布：県内：丹沢、箱根／県外：北、本、四、九
生育地：湿った岩上
花期：8～9月
メモ：'ヒゲ'にもいろいろある。『広辞苑』によると、髭は口ひげ、鬚はあごひげ、髯はほおひげ、とある。さてシラヒゲソウのひげは、ほんとはどのひげを想定したのだろうか。

西丹沢

ダイモンジソウ Saxifraga fortunei var. incisolobata
（大文字草）－ユキノシタ科、ユキノシタ属

西丹沢・樹幹

果実

白色系

高さ：5～30cm。花茎は上部で分枝する。
葉：根生葉。腎円形。長い柄があり縁は7～10に浅裂し、表面に毛がある。
花：白色。花序はまばらで、多数の花をつける。花弁は5個で上部の3個は小さく、下部の2個は長く大の字型となり、和名の由来ともなっている。雄しべは10個。果実は卵形のさく果。
分布：県内：丹沢、箱根　　／県外：北、本、四、九／国外：朝鮮、中国、千島、サハリン、ウスリー
生育地：岩上や樹幹に着生する
花期：9～10月
メモ：丹沢では、岩上や樹幹に着生したダイモンジソウをあちこちで見ることが出来ます。その中でも西丹沢の樹幹に生えるダイモンジソウは特に見応えがある。これだけ大きな株になるまでには一体どのくらいの月日がたっているのだろうか。
　ダイモンジソウの自生地は県自然公園の特別保護地区や特別地域に指定されている場所が多く、楽に見ることは出来ません。

秋

白色系

ゲンノショウコ Geranium nepalense var. thunbergii
（現の証拠）－フウロソウ科、フウロソウ属

塔ノ岳・白花タイプ

箱根・赤花タイプ

箱根・腺毛の無いタイプ。

高さ：30〜60cm
全体に毛が多く、ガク片や花柄に腺毛がある。
葉：対生。掌状複葉。3〜5深裂する。
花：白色。花茎の先に2個つく。花径は1.5cmほど。花弁とガク片は共に5個。果実はさく果。
分布：県内：全域／県外：北、本、四、九／国外：朝鮮、台湾
生育地：草地
花期：8〜9月
メモ：東日本では白花が、西日本では赤花が多いとされていますが、箱根で紅紫色のゲンノショウコが咲いていました。『神植誌2001』によると、ベニバナゲンノショウコ form.roseum という品種だそうです。

　ゲンノショウコは全体に毛が多く、ガク片や花柄に腺毛が混じっているものと思っていましたが、腺毛がほとんど無いものがありました。最初はミツバフウロと思いましたが、見た場所が箱根であったので、ゲンノショウコの変異かと思います。

　種子を飛ばした後、果皮が上の方に巻き、みこしに似た形になることからミコシグサとも呼ばれている。

秋

コフウロ Geranium tripartitum
(小風露) －フウロソウ科、フウロソウ属

駒ケ岳

高さ：30～70cm
茎上部に下向きの毛が生える。
葉：互生。3出複葉。
花：白色。花茎は1cmほど。ガク片に長い開出毛が生える。果実はゲンノショウコとそっくりです。
分布：県内：丹沢、箱根／県外：本、四、九／国外：朝鮮
生育地：林内、林縁
花期：8～9月
メモ：葉がはっきり3全裂するので分りやすいですね。

白色系

ミヤマタニソバ Persicaria debilis
(深山谷蕎麦) －タデ科、イヌタデ属

石棚山

高さ：15～50cm
茎は基部から直立。下向きの刺がある。
葉：互生。三角形。八の字形の黒い斑紋がある。長い柄があり、基部に托葉鞘がある。
花：白色。枝先と葉腋に長さ3mmほどの小花を数個付ける。果実はそう果。
分布：県内：丹沢、箱根、小仏山地／県外：本、四、九／国外：朝鮮
生育地：林内の湿地
花期：7～8月
メモ：葉の八の字模様はこの山奥で生き延びるための1つの仕掛けなのでしょうか。

秋

白色系

ミズタマソウ Circaea mollis
（水玉草）－アカバナ科、ミズタマソウ属

高さ：20～60cm。節が赤く膨らむ。全体に無毛。
葉：対生。広披針形。先は尖りふちに浅い鋸歯がある。
花：白～淡紅色。毛に覆われた子房の上にガクが二つあり、その上に2裂した花弁が2個つく。果実は球形でかぎ状の毛が生え溝がある。
分布：県内：全域／県外：北、本、四、九／国外：中国、朝鮮、インドシナ半島
生育地：林内
花期：8～9月
メモ：ヒロハノミズタマソウの葉は長い柄のある卵状広楕円形で基部はやや心形（写真左下）。

箱根

マツカゼソウ Boenninghausenia japonica
（松風草）－ミカン科、マツカゼソウ属

高さ：50～80cm
全体に無毛。
葉：互生。3回3出羽状複葉。小葉は倒卵形～楕円形。葉全面に油点がある。
花：白色。円錐花序。4弁花の小さな花を多数つける。果実はさく果で4分果。
分布：県内：丹沢、箱根、小仏山地に多い／県外：本（宮城以南）、四、九／国外：東アの温帯
生育地：林内、林縁
花期：8～10月
メモ：ミカン科で草本は本種だけ。葉はこするだけでも強い匂いがします。

大倉尾根

秋

ヤブミョウガ Pollia japonica
(藪茗荷) －ツユクサ科、ヤブミョウガ属

高さ：50～100cm
葉：互生。狭長楕円形。葉は放射状。
花：白色。円錐状集散花序。内花被片3個は一日でしぼむ。外花被片3個は残り果実を包む。果実はさく果。
分布：県内：山地の高所を除き広く分布／県外：本(関東以西)、四、九／国外：中国
生育地：林内
花期：8～9月
メモ：葉のつき方は違いますがミョウガの葉に良く似ていますね。

大倉尾根

白色系

ヤマゼリ Ostericum sieboldii
(山芹) －セリ科、ヤマゼリ属

高さ：50～120cm。茎は中空でほとんど無毛。
葉：茎葉は互生。2～3回3出複葉。小葉は卵形～広披針形で、丸みを帯びた鋸歯がある。
花：白色。複散形花序。5弁花で先端は内側に曲がる。花序の柄は6～10本でやや不同長。
分布：県内：丹沢、箱根、小仏山地／県外：本、四、九／国外：朝鮮、中国
生育地：林内、草地
花期：9～10月
メモ：同属のミヤマニンジンは高さ10～30cmで草地に生える。小葉は線形で全縁。

丹沢山

秋

白色系

アケボノソウ Swertia bimaculata
（曙草）－リンドウ科、センブリ属

箱根・標高800m付近

高さ：30〜90cm
茎は上部で分枝する。
葉：茎葉は卵状披針形で3脈が目立つ。
花：白色。花冠は5深裂し、裂片に黄緑色の腺体と黒紫色の斑点がある。
分布：県内：丹沢、箱根／県外：北、本、四、九／国外：中国
生育地：湿った草地
花期：9〜10月
メモ：きれいな模様をした花ですが、子孫を残すための巧妙な仕掛けになっているそうです。昆虫が止まったらじっくり観ていたいですね。

センブリ Swertia japonica
（千振）－リンドウ科、センブリ属

陣馬山

高さ：5〜20cm
葉：対生。線形で細長い。
花：白色。花冠は5深裂し、裂片に紫色のすじが入る。ガクは5裂し、裂片は細く尖る。
分布：県内：丹沢、箱根、小仏山地、他丘陵地にまばら／県外：北、本、四、九／国外：朝鮮、中国
生育地：日の当る草地
花期：9〜11月
メモ：全草に苦味がある。センブリといえば胃の薬。あの苦味成分が胃の働きを活発にするそうです。

秋

ヤマトウバナ Clinopodium multicaure
（山塔花）－シソ科、トウバナ属

高さ：10～25cm
葉：対生。卵形～長卵形。柄があり鋸歯は粗い。葉裏の腺点は疎ら。茎葉は上部ほど大きい。
花：白色。総状花序。唇形花。下唇は3裂。花冠の長さ7～8mm。ガクの長さ約5～6mmで、脈上に短毛がまばらに生える。花序は普通茎頂に1個つく。
分布：県内：箱根／県外：本（福島以西）、四、九／国外：朝鮮
生育地：やや湿った林縁
花期：6～10月

白色系

ヒロハヤマトウバナ Clinopodium latifolium
（広葉山塔花）－シソ科、トウバナ属

高さ：20～60cm
葉：茎上部の葉は同じ大きさ。
葉裏の腺点はまばらで、量の変異は大きい。
花：白色～ややピンク色。総状花序。花冠の長さ7～8mm。ガクの長さは約5～6mmだが不ぞろいになることが多い。
ガク筒に短毛が密生し、脈上には白い長毛が多い。
分布：県内：丹沢／県外：本（東北南部～中部）
生育地：標高の高い草地
花期：7～9月

秋

ハナイカリ Halenia corniculata
（花錨） －リンドウ科、ハナイカリ属

白色系

丹沢表尾根

高さ：10～60cm
茎に4稜がある。
葉：対生。長楕円状卵形。
花：淡黄色。花冠は4深裂し、各裂片の下部は線形の距となりひろがる。
分布：県内：丹沢／県外：北、本、四、九／国外：朝鮮、中国、シベリア、サハリン、カムチャッカ、ヨーロッパ東部
生育地：草地（風衝地）
花期：9～10月
メモ：10月中旬、まさかこんな所でという場所で出会う。気象条件が厳しいせいか背丈は低いが、どっしりとして錨のようだった。

シモバシラ Keiskea japonica
（霜柱） －シソ科、シモバシラ属

生藤山
霜柱
ピンク色

高さ：40～70cm
茎に下向きの毛が生える。
葉：対生。長楕円形。
花：白色。花は花穂の一方に偏ってつく。花冠の上唇は2裂、下唇は3裂する。雄しべと雌しべは共に花冠から飛び出る。花柄と果穂軸に白毛が生える。
分布：県内：東丹沢、小仏山地／県外：本(関東以西)、四、九
生育地：林内、林縁
花期：8～10月
メモ：名前の由来は冬季、根元に霜柱を作ることから。他にも霜柱をつけるものはいろいろあり、シモバシラの霜柱かどうかは確認する必要があります。
花全体がピンク色したシモバシラもあった。

秋

ヒヨドリバナ Eupatorium makinoi
（鵯花）－キク科、ヒヨドリバナ属

高さ：60～120cm
葉：対生。卵状長楕円形。幅3～8cm。縁に鋸歯があり、葉裏に腺点がある。
花：白色。散房花序。小花は5個で、花柱の先が分枝し、長く伸びる。果実はそう果。
分布：県内：全域／県外：北、本、四、九／国外：朝鮮、中国
生育地：林縁
花期：8～10月
メモ：由来に：①鵯が鳴く頃に咲くから、②長楕円形の葉をヒヨドリの翼に見立てた、③花後の綿毛を火熾し材になるので、火取花（ひとりばな）がなまった。

白色系

ハコネヒヨドリ Eupatorium glehnii var. hakonense
（箱根鵯）－キク科、ヒヨドリバナ属

茎は細くて傾く。
葉：4個輪生だが、時に対生。
線形で縁は平行。幅1.5～3cm。
花：白色。散房花序。
分布：県内：丹沢、箱根／
生育地：林縁
花期：8～10月

メモ：別名ホソバヨツバヒヨドリ。よく似たヨツバヒヨドリの小葉は卵状長楕円形で、幅は3～4cm。神奈川県内のものはすべてハコネヒヨドリ－『神植誌2001』。

秋

白色系

オクモミジハグマ Ainsliaea acerifolia var.subapoda
（奥紅葉白熊）－キク科、モミジハグマ属

高さ：40～80cm
葉：腎心形～円心形。掌状に浅裂し長い柄があり有毛。茎の中程に4～7個まとまってつく。
花：白色。穂状花序。頭花は3個の小花からなる。果実はそう果で冠毛がある。
分布：県内：丹沢、箱根、小仏山地／県外：本、九 国外：朝鮮、中国
生育地：林内、林縁
花期：8～10月
メモ：本種の母種で、葉が掌状に中裂するモミジハグマは県内には分布していない。

陣馬山

キッコウハグマ Ainsliaea apiculata
（亀甲白熊）－キク科、モミジハグマ属

高さ：10～25cm
葉：心形。五角形。葉柄は葉身より長い。
花：白色。頭花は3個の小花からなる。閉鎖花をつける。果実はそう果。
分布：県内：疎らに全域／県外：北、本、四、九／国外：朝鮮
生育地：林内
花期：9～10月
メモ：白熊（はぐま）はヤクの尾の白毛で、払子（ほっす）や槍の飾りを作った－『広辞苑』。花がそれに似ていることからハグマ。

丹沢主稜

秋

モミジガサ Parasenecio delphiniifolius
（紅葉傘） －キク科、コウモリソウ属

高さ：50～80cm
葉：互生。幅約20cmと大きく、モミジ葉状に切れ込む。葉脈は葉裏に隆起しない。
花：白色。円錐花序。筒状で5個の小花からなる。総苞の長さは8～9mm。
分布：県内：疎らに全域／県外：北、本、四、九
生育地：林内
花期：8～9月
メモ：葉を"菅笠"に見立て、"紅葉笠"と名付けた。"紅葉傘"ではない－『野草の名前』、とあるがスゲ（カヤツリグサ科）で編んだ菅笠より、紅葉に似た葉の傘の方が連想しやすい。

白色系

神山

テバコモミジガサ Parasenecio tebakoensis
（手箱紅葉傘） －キク科、コウモリソウ属

高さ：20～80cm
葉：モミジガサよりやや小型。葉脈が葉裏に隆起する。
花：白色。円錐花序。筒状で5～6個の小花からなる。総苞の長さは5～6mm。
分布：県内：丹沢、箱根／県外：本（関東～近畿の太平洋側）、四、九
生育地：林床
花期：8～9月
メモ：最初に見つかった高知県の手箱山（1,806m）に由来するといいます。
モミジガサに比し可愛い感じがします。

臼ヶ岳

秋

白色系

コウヤボウキ Pertya scandens
（高野箒）－キク科、コウヤボウキ属

高さ：60～100cm
落葉小低木。茎、葉共に有毛。
葉：1年目の葉は卵形で互生、2年目の葉は束生し細い。
花：白色。筒状花。頭花は1年目の枝先につく。果実はそう果で毛がある。
分布：県内：高所を除く全域／県外：本（関東以西）、四、九／国外：中国
生育地：やや乾いた林縁
花期：9～10月
メモ：万葉集で'玉箒（たまははき）'として詠まれている（20-4493、16-3830）。高野山で竹箒のかわりに本種を束ねて使われた。

大山

ナガバノコウヤボウキ Pertya glabrescens
（長葉の高野箒）－キク科、コウヤボウキ属

高さ：60～90cm
落葉小低木。
葉：1年目の葉は卵形で互生、2年目の葉は束生し細い。共に無毛。
花：白色。筒状花。頭花は2年目の枝の速成した葉の中央につく。
分布：県内：低地を除く全域／県外：本、四、九
生育地：やや乾いた林内
花期：8～10月
メモ：丹沢や小仏山地の山を歩いていると、両方見ることがあるが、高所に行くと目にするのは本種のみ。

臼ヶ岳

秋

カシワバハグマ Pertya robusta
（柏葉白熊）－キク科、コウヤボウキ属

高さ：30〜70cm
葉：互生。卵状長楕円形。茎の中程に集まってつく。
花：白色。穂状花序。筒状花からなる。果実はそう花で冠毛がある。
分布：県内：広く分布／県外：本、四、九
生育地：林内
花期：9〜11月
メモ：よくある説に'カシワの葉に似るから'とありますが、ぜんぜん似ていませんね。『野草の名前』にカシワバの柏はアカメガシワ（赤芽柏）の柏とあった。この葉は全縁のもの3浅裂するものが混じっていますので、一度見比べて下さい。

石老山

白色系

ノブキ Adenocaulon himalaicum
（野蕗）－キク科、ノブキ属

高さ：40〜80cm
葉：三角状腎形。長い柄に、翼がある。葉は下部に集まる。
花：白色。頭花は径5mmほどで内側は雄花、外側は雌花。果実はこん棒状のそう果で放射状に並ぶ。
分布：県内：丹沢、箱根、小仏山地／県外：北、本、四、九／国外：朝鮮、中国、ヒマラヤ、
生育地：林縁
花期：8〜10月
メモ：一見フキの葉に似るが類縁関係はない。若苗は食用に、葉は薬用に利用。

陣馬山

秋

白色系

ハコネギク Aster viscidulus
（箱根菊）－キク科、シオン属

高さ：20〜50cm
茎に短毛がある。
葉：互生。披針状長楕円形。葉は短毛が多くざらつく。柄は無いか、あっても短い。根生葉は花時には枯れる。
花：舌状花は白色〜淡紫色。頭花は径2.5cmほど。総苞片は4列で粘る。果実はそう果で、冠毛は3mm。
分布：県内：丹沢、箱根／県外：本（関東〜中部地方）
生育地：風衝地、岩場
花期：8〜10月
メモ：別名ミヤマコンギク フォッサマグナ要素の植物。

駒ケ岳

ノコンギク Aster microcephalus var. ovatus
（野紺菊）－キク科、シオン属

高さ：40〜80cm
茎に短毛がある。
葉：互生。卵状長楕円形。縁に大きな鋸歯があり、両面に短毛が多くざらつく。
花：舌状花は淡青紫色。頭花は径2.5cmほど。総苞片は3列。果実はそう果で、冠毛は4〜6mm。
分布：県内：全域／県外：本、四、九
生育地：林縁、
花期：9〜10月
メモ：カントウヨメナと似ていますが、葉はざらつかず、又冠毛は0.5mmと短い。

姥子・1,000m付近

秋

タテヤマギク Aster dimorphophyllus
（立山菊）－キク科、シオン属

高さ：30〜50cm
茎は節で曲がる。
葉：互生。三角状卵心形。掌状に切れ込む葉も多く見られる。葉はざらつかない。
花：白色。散房状。舌状花は8個以下で、不均等に並ぶ。果実はそう果で、冠毛は4mm。
分布：県内：丹沢、箱根／県外：本（富士、天城）
生育地：林下
花期：8〜10月
メモ：フォッサマグナ要素の植物。同じ種とは思えないほど葉の変異は大きい。葉が掌状に深く切れ込むものをモミジバタテヤマギクと言う。

白色系

シラヤマギク Aster scaber
（白山菊）－キク科、シオン属

高さ：100〜150cm
茎は赤みを帯びる。
葉：互生。上部の葉は楕円形。下部は三角状で、長い柄があり、ふちに粗い鋸歯がある。葉はざらつく。
花：舌状花は白色で、8個以下。果実はそう果で、冠毛は4mm。
分布：県内：全域／県外：北、本、四、九／国外：朝鮮、中国
生育地：林内
花期：8〜10月
メモ：一見タテヤマギクの葉と似ているので要確認。

秋

シロヨメナ Aster ageratoides var. ageratoides
（白嫁菜）－キク科、シオン属

白色系

高さ：40〜100cm
葉：互生。長楕円状披針形で3脈が目立つ。縁に大きな鋸歯があり先は尖る。
花：白色。舌状花。頭花は直径1.5〜2cm。総苞は筒状。果実はそう果で冠毛の長さは4mmほど。
分布：県内：全域／県外：本、四、九／国外：朝鮮、中国、台湾
生育地：林縁
花期：9〜11月
メモ：冠毛の長さにより：
キク属：冠毛が無い
シオン属：冠毛が長い
ヨメナ属：冠毛が短い

丹沢主脈

リュウノウギク Dendranthema japonicum
（竜脳菊）－キク科、キク属

高さ：30〜70cm
葉：互生。卵形〜広卵形。3中裂し基部はくさび形。葉裏に毛が密生。
花：舌状花は白色から、次第に淡紅色を帯びる。
分布：県内：全域／県外：本、四、九
生育地：草地、岩場
花期：10〜11月
メモ：日本固有種
葉をもむと竜脳の香りがする。現在は採取していないが、ボルネオ・スマトラ・マレー半島原産の竜脳樹から採取され、薬用として利用されていた。

丹沢表尾根

秋

アキノキリンソウ Solidago virgaurea ssp. asiatica
（秋の麒麟草）－キク科、アキノキリンソウ属

高さ：30〜80cm
葉：互生。披針形〜卵状楕円形。縁に鋸歯と毛がある。
花：黄色。円錐花序。頭花は筒状花と舌状花からなる。花径1cm前後。果実はそう果。
分布：県内：全域／県外：北、本、四、九／国外：朝鮮
生育地：林縁
花期：8〜11月
メモ：セイタカアワダチソウとオオアワダチソウは同じ仲間で北米原産の帰化植物。和名の由来となったキリンソウはベンケイソウ科で花も葉も似ていない。麒麟草のいわれは不明。

大山

黄色系

カセンソウ Inula salicina var. asiatica
（歌仙草）－キク科、オグルマ属

高さ：60〜80cm
地下茎を伸ばして増える。
葉：互生。長楕円状披針形。先端は尖り縁に突起状の小さな鋸歯がある。質は硬く脈が葉裏に浮き出る。
花：黄色。花茎3〜4cm。筒状花と舌状花からなる。果実はそう花で無毛。
分布：県内：疎らに点在／県外：北、本、四、九／国外：朝鮮、中国東北部、東シベリア
生育地：湿地
花期：8〜10月
メモ：良く似た花にオグルマがある。質は柔らかく裏面に脈は浮き出ない。

箱根

秋

黄色系

ヤブタバコ Carpesium abrotanoides
（藪煙草）－キク科、ガンクビソウ属

高さ：50〜100cm。
茎は太く、上部から長い枝を放射状に出す。
葉：互生。上部の葉は長楕円形。下部の葉は広楕円形〜長楕円形。
花：黄色。頭花は直径1cmほどで殆ど柄はない。総苞は鐘状球形。
分布：県内：広く分布／県外：北、本、四、九／国外：東アジア
生育地：林縁
花期：7〜9月
メモ：和名は藪に生え、小さいがタバコの葉に似ることによる。

生藤山

コヤブタバコ Carpesium cernuum
（小藪煙草）－キク科、ガンクビソウ属

高さ：40〜100cm。
茎は太く良く分枝し、下部に毛が密生する。
葉：互生。下部の葉は長楕円形で、縁に不ぞろいの鋸歯があり、葉柄に翼がある。頭花の基部に緑色の苞葉が多数つく。
花：緑黄白色。筒状花。頭花は直径1.5cmほど。
分布：県内：広く分布／県外：北、本、四、九／国外：アジア〜ヨーロッパ
生育地：山地下部の林内
花期：7〜9月
メモ：オオガンクビソウと似ているがやや小型。

生藤山

秋

キバナガンクビソウ Carpesium divaricatum var. divaricatum
（黄花雁首草） －キク科、ガンクビソウ属

高さ：30〜100cm
葉：互生。卵状広楕円形。葉柄に翼はない。頭花の基部に2〜4個の苞葉がある。
花：黄色。筒状花。やや長い花柄があり、頭花の直径は6〜8mm。
分布：県内：全域／県外：本、四、九／国外：朝鮮、中国
生育地：林縁
花期：8〜10月
メモ：別名ガンクビソウ　ガンクビソウと良く似たノッポロガンクビソウは葉が広卵形で丸っこく、上部の葉は次第に小さくなる。

ホソバガンクビソウ Carpesium divaricatum var. abrotanoides
（細葉雁首草） －キク科、ガンクビソウ属

高さ：70〜100cm
葉：互生。下部の葉は長楕円形で、先は尖る。上部の葉は披針形。
花：黄色。筒状花。頭花の直径は5〜6mm。
分布：県内：丹沢、箱根／県外：本、四、九
生育地：林縁
花期：8〜10月
メモ：キバナガンクビソウ、ノッポロガンクビソウ、ホソバガンクビソウの3種はとても良く似ています。違いをじっくり観察しましょう。

ヒメガンクビソウ Carpesium rosulatum
（姫雁首草）－キク科、ガンクビソウ属

高さ：15〜45cm
茎に疎らな毛がある。
葉：根生葉はヘラ状披針形。縁に不ぞろいの鋸歯がある。
花：黄色。筒状鐘形。頭花の直径は4mm。
分布：県内：丹沢、箱根、他／県外：本（関東以西）、四、九／国外：朝鮮
生育地：林内
花期：8〜10月
メモ：背丈は15cmほどで全体に地味な色のため、歩きながらでは目につかず、ひと休みした時に、たまたま目の前にありました。とても可愛らしく、やんちゃ坊主のようでした。

オオモミジガサ Miricacalia makinoana
（大紅葉傘）－キク科、オオモミジガサ属

高さ：50〜80cm
全体に縮毛がある。
葉：下部に長い柄を持ち、掌状に浅裂した円形の大きな葉がつく。葉身約30cm。
花：黄色。総苞は筒型。
分布：県内：丹沢／県外：本（福島以西）、四、九
生育地：湿った林床、岩の多い湿った斜面
花期：8〜9月
メモ：絶滅危惧ⅠB類
日本固有種で1属1種。シカの採食のため、林床の個体数は著しく減少しているとのことです。

メナモミ Sigesbeckia pubescens
（豨薟）－キク科、メナモミ属

高さ：60～120cm
茎は赤褐色を帯び、長い開出毛が密生する。
葉：対生。卵形。柄は長く翼がある。長毛が密生。
花：黄色。散房状。筒状花と舌状花からなる。舌状花の先は3裂する。総苞片は5個で長く開出し、腺毛が密生する。
分布：県内：山地の高所を除き全域／県外：北、本、四、九／国外：朝鮮、中国
生育地：林縁、草地
花期：9～10月
メモ：豨薟（きれん）は漢名で、生薬名。徒然草の第96段に「めなもみといふ草あり。～」とあるが、諸説あり不明。

黄色系

ナガサキオトギリ Hypericum kiusianum
（長崎弟切）－オトギリソウ科，オトギリソウ属

高さ：20cmほど
葉：対生。倒卵形。基部はくさび状。縁に黒点、内部は明点のみがある。
花：黄色。花弁とガクのふちに少数の黒点がある。
分布：県内：箱根／
県外：本（富士、伊豆、紀伊半島）四、九
生育地：湿地
花期：7～9月
メモ：サワオトギリを日本海型と太平洋型（ソハヤキ型）に分け、後者をナガサキオトギリとした －『神植誌2001』。

秋

オトギリソウ Hypericum erectum
（弟切草）－オトギリソウ科、オトギリソウ属

高さ：20〜30cm（山地）
葉：対生。披針形。基部が最も幅広く、先は次第に細くなる。黒点が多い。
花：黄色。茎上部で枝分かれし、多数の5花弁をつける。黒点や黒線がある。雌しべは1つ、雄しべは多数あり、基部で合着して3束になる。
分布：県内：全域／県外：北、本、四、九／国外：朝鮮、サハリン
生育地：草地や林縁
花期：7〜9月
メモ：ハコネオトギリは葉の縁に黒点、内部に明点と黒点がまじるか明点のみ。クロテンコオトギリは葉の縁、内部全て黒点のみ。

ハコネオトギリ
Hypericum hakonense form. hakonense

クロテンコオトギリ
Hypericum hakonense form. imperforatum

キンミズヒキ Agrimonia pilosa var. japonica
（金水引）－バラ科、キンミズヒキ属

陣馬山

高さ：30〜80cm
全体に毛が多い。
葉：奇数羽状複葉。小葉は楕円形で、5〜9個あり、大小さまざま。
花：黄色。穂状。花茎約1cm弱で、雄しべは12個ほど。果実はカギ状の刺をもつそう果。
分布：県内：全域／県外：北、本、四、九／国外：朝鮮、中国、ウスリー、サハリン、インドシナ
生育地：草地、山道沿い
花期：7〜10月

黄色系

ヒメキンミズヒキ Agrimonia nipponica
（姫金水引）－バラ科、キンミズヒキ属

金時山・標高1,000m付近

高さ：30〜60cm
キンミズヒキに比べ繊細で、小さい。
葉：奇数羽状複葉。小葉は楕円形〜倒卵形で、3〜5個。茎上部の3小葉が大きく、それ以下は小さい。
花：黄色。穂状。花弁とガク片ともに5個。花茎約5mmで、雄しべは10個以下。
分布：県内：ほぼ全域／県外：北、本、四、九／国外：朝鮮
生育地：草地、山道沿い
花期：7〜10月
メモ：チョウセンキンミズヒキの雄しべはキンミズヒキより多い。

秋

テンニンソウ Leucosceptrum japonicum
（天人草）－シソ科、テンニンソウ属

高さ：50〜100cm
葉：長楕円形で、先は尖り基部はくさび形。
花：淡黄色。穂状花序。筒型で、上唇は2裂、下唇は3裂する。雄しべと雌しべは花冠から飛び出る。
分布：県内：丹沢、箱根、小仏山地／県外：北、本、四、九
生育地：林内、林縁
花期：8〜9月
メモ：由来については、今だに定説が無いとのことです。この花を見る時、何故天人の名がついたのか考えてみるのも楽しいですね。

丹沢表尾根

キバナアキギリ Salvia nipponica
（黄花秋桐）－シソ科、アキギリ属

高さ：20〜40cm
葉：対生。3角状鉾形。先端は尖り基部は左右に張り出す。葉柄は長く開出毛が生える。
花：黄色。唇形花。下唇は3浅裂。雌しべは花冠から長く突き出て、先は2裂する。
分布：県内：丹沢、箱根、小仏山地、多摩丘陵、三浦／県外：本、四、九
生育地：林内
花期：8〜10月
メモ：アキギリ（紫色）は残念ながら県内に自生せず。

陣馬山

オミナエシ Patrinia scabiosifolia
（女郎花） －オミナエシ科、オミナエシ属

高さ：60～100cm
葉：対生。頭大羽状に深裂する。
花：黄色。茎の上部で分枝し、粟粒状の小さな花を散房状に多数つける。果実は長楕円形。
分布：県内：疎らに点在／県外：北、本、四、九、沖縄／国外：中国、朝鮮、シベリア東部
生育地：日の当たる草地
花期：8～10月
メモ：秋の七草で黄色の花はこの女郎花のみ。万葉集でも歌われ、愛する人に例えられている。

箱根

黄色系

ミゾホオズキ Mimulus nepalensis var. japonicus
（溝酸漿） －ゴマノハグサ科、ミゾホオズキ属

高さ：10～30cm
葉：対生。卵形～楕円形。
花：黄色。花冠は筒状で、先は唇形。上唇は2裂、下唇は3裂。ガクには縦に走る5本の稜がある。
分布：県内：丹沢、箱根、小仏山地／県外：北、本、四、九／国外：朝鮮、中国
生育地：湿地
花期：9～11月
メモ：酸漿（さんしょう）は漢名でホオズキのこと。稜線に出来た湿り気のある大きな溝のような場所で咲いていました。

丹沢主脈・標高1,500m付近

秋

ヤマトリカブト Aconitum japonicum ssp. japonicum
（山鳥兜）－キンポウゲ科、トリカブト属

高さ：60〜200cm。斜上又は直立する。
葉：輪郭は円形〜5角形に見える。3〜5中裂し裂片の切れ込みは浅いものから深いものまで変異は大。
花：紫色〜青紫色。散房花序。花冠はかぶと状。花柄に屈毛が多い。
分布：県内：県西部の丘陵〜山地／県外：本（関東〜東海地方）
生育地：林縁
花期：9〜11月

メモ：トリカブトには多くの種類があり全て有毒であることは良く知られています。春先、ニリンソウやモミジガサ等と間違えて誤食する事故を良く聞きます。葉の違いがきちんとできるまでは手を出さないように。毒物のアコニチンは中枢神経を麻痺させ呼吸麻痺を起こします。

ハコネトリカブト Aconitum japonicum var. hakonense
（箱根鳥兜）－キンポウゲ科、トリカブト属

高さ：20cmほど。全体が小型で直立する。
葉：裂片の切れ込みは浅い。
花：紫色。茎頂に散房花序をつくり密集する。
分布：県内：箱根
生育地：草原
花期：9〜11月

クサボタン Clematis stans
（草牡丹）－キンポウゲ科、センニンソウ属

高さ：100cm ほど
茎は直立し、下部はやや木質化する。
葉：対生。1回3出複葉で長い柄がある。小葉は卵形で、3浅裂し先は尖る。
花：白〜淡紫色。集散花序。鐘形で花弁状のガク片が4個。下向きに咲き、先は反り返る。
分布：県内：丹沢、箱根、小仏山地、他／県外：本
生育地：草地、林縁
花期：8〜9月
メモ：一見、小低木のように見えますが、冬は枯れる草本です。

陣馬山

赤〜青系

タチフウロ Geranium krameri
（立ち風露）－フウロソウ科、フウロソウ属

高さ：70〜80cm
葉：対生。掌状に3〜5裂する。
花：淡紅紫色。5弁花で、濃紅色の脈が入り、基部に白毛が密生する。
分布：県内：丹沢、箱根、小仏山地／県外：本、四、九／国外：朝鮮、中国
生育地：草地、林縁
花期：8〜9月
メモ：絶滅危惧ⅠB類

秋

フシグロセンノウ Lychnis miqueliana
（節黒仙翁）－ナデシコ科、センノウ属

高さ：40〜80cm
茎の節は黒褐色を帯びる。疎らに軟毛がある。
葉：対生。倒卵形〜長楕円状披針形。縁に毛がある。
花：朱赤色。5弁花で、花茎は5cmほど。ガクは筒形。果実は楕円状のさく果。
分布：県内：丹沢、箱根／県外：本（関東以西）、四、九
生育地：草地
花期：7〜9月
メモ：日本固有種
節が黒っぽいのでフシグロ。しかし、実際には少し赤っぽく茶褐色の感じのものも多かった。

陣馬山

ビランジ Silene keiskei var. minor
（－）－ナデシコ科、マンテマ属

高さ：10〜30cm
茎に短毛があり、上部では腺毛が混じる。
葉：対生。披針形〜広披針形。縁に毛がある。
花：淡紅色。5弁花で、花茎は2〜3cm。花弁の先は2裂する。ガクは鐘形筒型で腺毛が多い。
分布：県内：丹沢／県外：本（関東西部・中部）
生育地：ガレ場、砂礫地
花期：8〜9月
メモ：ビランジとは不思議な名前ですね。由来については不明。

丹沢表尾根

赤〜青系

秋

リンドウ Gentiana scabra var. buergeri
（竜胆）－リンドウ科、リンドウ属

高さ：15〜60cm
葉：対生。卵状披針形。柄は無く縁は全縁。ロゼット葉はない。
花：青紫色。鐘形。先は5裂する。果実はさく果。
分布：県内：全域／県外：本、四、九
生育地：林内
花期：9〜11月
メモ：試したことはありませんが、リンドウの根はとても苦いそうです。生薬の竜胆（漢名でリュウタン）をそのまま和名とし、読み方はリンドウとなる。
写真は県内で一番高所に咲いていたリンドウ。

丹沢主脈

赤〜青系

ツルリンドウ Tripterospermum japonicum
（蔓竜胆）－リンドウ科、ツルリンドウ属

高さ：つる性で紫色を帯びる。長さ40〜80cm。
葉：対生。卵状披針形。3脈が目立ち、葉裏は紫色を帯びることがある。
花：淡紫色、稀に白色。鐘形。果実は液果で赤くなる。
分布：県内：丹沢、箱根、小仏山地／県外：北、本、四、九／国外：朝鮮、中国、サハリン
生育地：林内
花期：8〜10月
メモ：珍しい白花タイプのツルリンドウを箱根と生藤山の2ヶ所で目にしました。

白花・箱根
白花・生藤山
淡紫色

秋

アシタカマツムシソウ Scabiosa japonica var. lasiophylla
(愛鷹松虫草) －マツムシソウ科、マツムシソウ属

高さ：30〜90cm
葉：対生。羽状に細く切れ込む。
花：青紫色。枝分かれした先に、円盤状の頭花を1個ずつつける。真ん中の花冠は筒状、外側の花冠は5裂し、裂片の外側は大きい。果実は紡錘形のそう果。刺状のガク片が残る。
分布：県内：丹沢、箱根／県外：北、本、四、九
生育地：草原
花期：8〜9月
メモ：別名ソナレマツムシソウ。絶滅危惧ⅠB類。日本固有種。
マツムシソウは高山から海岸にまで分布し、標高順にタカネマツムシソウ、マツムシソウ及びソナレマツムシソウと呼ばれ、その形態は異なっています。従来、丹沢や箱根に咲いているのはマツムシソウと思われていましたが、最新の研究によりアシタカマツムシソウとして区別されることが明らかになり、海岸に生えるソナレマツムシソウも同じものとされました。
マツムシソウの県内分布は小仏山地に可能性があるとのことです。

シオガマギク Pedicularis resupinata var. oppositifolia
（塩竈菊）－ゴマノハグサ科、シオガマギク属

高さ：30〜60cm
葉：上部は互生、下部で対生。柄のある狭卵形でふちに重鋸歯がある。
花：紅紫色。上唇は釜状に曲がり、先はくちばし状となる。下唇は丸く先端は3浅裂する。
分布：県内：丹沢、箱根、奥湯河原／県外：北、本、四、九／国外：東北アジア
生育地：草地
花期：8〜9月
メモ：茎上部に巴状に花をつけるトモエシオガマは県内には自生せず。

明神ヶ岳

赤〜青系

ハンカイシオガマ Pedicularis gloriosa
（樊噲塩竈）－ゴマノハグサ科、シオガマギク属

高さ：30〜90cm
葉：基部に大型の葉をつけ、羽状に深裂する。
花：紅紫色。上唇は船形で湾曲する。ガクは鐘形で先は5裂する。
分布：県内：丹沢、箱根／県外：本（関東〜東海地方）
生育地：林縁
花期：8〜9月
メモ：樊噲（はんかい）は、漢時代に劉邦に仕え戦功を立てた武将で、その勇壮な姿に例えたと言います。

神山

秋

ヤマハッカ Isodon inflexus
（山薄荷）－シソ科、ヤマハッカ属

高さ：40～100cm。茎は4稜形で下向きの毛が生える。
葉：対生。広卵形。縁に粗い鋸歯があり基部は葉柄の翼にながれる。
花：青紫色。円錐花序。唇形花。花冠の上唇は4裂し濃紫色の斑点がある。下唇のふちは内側に巻く。雄しべと雌しべは下唇より短い。
分布：県内：ほぼ全域／県外：北、本、四、九／国外：朝鮮、中国
生育地：林内、林縁、草地
花期：9～10月
メモ：ハッカ属ではないので、あまりハッカの匂いはしない。

陣馬山

イヌヤマハッカ Isodon umbrosus var. umbrosus
（犬山薄荷）－シソ科、ヤマハッカ属

高さ：60～80cm。茎は4稜形で下向きの毛が生える。
葉：対生。長楕円形。縁に鋸歯があり、両端は尖る。
花：青紫色。総状花序。唇形花。花冠の上唇は4裂し濃紫色の斑点はない。
分布：県内：丹沢、箱根／県外：本（富士、伊豆、愛知、紀伊半島）
生育地：林内、林縁
花期：9～10月
メモ：フォッサ・マグナ要素の植物。花が似ているカメバヒキオコシ var. leucanthus は葉が丸く先が3裂し中央裂片が尾状にのびる。県内では陣馬山周辺で見られる。

箱根

ナギナタコウジュ Elsholtzia ciliata
（薙刀香薷） －シソ科、ナギナタコウジュ属

陣馬山

高さ：15～60cm
茎に下向きの毛が密生する。
葉：対生。卵形～卵状楕円形。縁に鋸歯がある。
花：淡紅紫色。穂状。唇形花。すべて花穂の片側に向いてつく。反対側には苞が並んでつく。雄しべと雌しべは花冠から突き出る。
分布：県内：全域／県外：北、本、四、九／国外：ユーラシア大陸
生育地：林縁
花期：9～10月
メモ：香薷は中国の薬草で生薬名。香りがよく似ているので付けられたそうです。

赤～青系

クルマバナ Clinopodium chinense subsp. grandiflorum var. parviflorum
（車花） －シソ科、トウバナ属

金時山

高さ：20～80cm
茎は四角形で下向きの毛が疎らに生える。
葉：対生。卵形～長卵形。縁に鋸歯がある。
花：淡紅色。唇形花。花冠の長さは8～10mm。下唇は3裂する。ガクは筒状で5裂し、長さは6～8mm。花は数段輪生する。
分布：県内：丹沢、箱根、小仏山地、多摩丘陵／県外：北、本、四、九／国外：朝鮮
生育地：草地
花期：8～9月
メモ：全草無毛～やや多毛。

秋

セキヤノアキチョウジ Isodon effusus
（関屋の秋丁子）－シソ科、ヤマハッカ属

高さ：70～100cm
葉：対生。長楕円形。縁に細かい鋸歯がある。
花：青紫色。総状。胴長の唇形花。上唇は4裂し下唇は1裂片。ガク裂片の先は尖り、花柄は長く無毛。
分布：県内：丹沢、箱根、小仏山地／
県外：本（栃木～愛知）
生育地：林内、林縁
花期：9～11月
メモ：花柄の短いアキチョウジは西日本に分布。関屋は関所の番小屋のこと。その近くで見つかった－『野草の名前』。

蓑毛

アキノタムラソウ Salvia japonica
（秋の田村草）－シソ科、アキギリ属

高さ：20～80cm
茎は4角で、無毛または軟毛が生える。
葉：対生。奇数羽状複葉。小葉は3～7個。小葉は広卵形。
花：青紫色。茎頂に長さ10～20cmの花穂をつくり唇形花を輪生する。花冠の外面に白毛が生える。雄しべと雌しべは花冠から突き出ない。
分布：県内：全域／県外：本、四、九／国外：中国、台湾
生育地：林縁
花期：7～11月
メモ：キク科のタムラソウの和名にも同じ田村草が使われています。残念ながら田村草の由来は不明です。

陣馬山

イヌトウバナ Clinopodium micranthum
（犬塔花）－シソ科、トウバナ属

高さ：20〜60cm
葉：対生。卵形〜狭卵形。葉裏に腺点が多い。葉は上部ほど小さい。
花：淡紅紫色。花冠の長さ5〜6mm。ガクの長さ約3〜5mmで、白い長毛が多い。
分布：県内：全域／県外：北、本、四、九
生育地：林内
花期：8〜10月

赤〜青系

キツネノマゴ Justicia procumbens var. leucantha
（狐の孫）－キツネノマゴ科、キツネノマゴ属

高さ：10〜40cm
茎に6稜あり、下向きの毛がある。
葉：対生。卵形〜楕円形。
花：淡紅紫色〜白色。穂状花序。唇形花。白色の上唇に雄しべ2個がつき、淡紅紫色の下唇の基部には白い斑が入る。果実はさく果。
分布：県内：丹沢や箱根の高所を除く全域／県外：本、四、九／国外：朝鮮、中国
生育地：林縁、草地
花期：8〜10月
メモ：小さな花穂を狐のしっぽに見立てたといいます。

秋

フジアザミ Cirsium purpuratum
（富士薊）－キク科、アザミ属

高さ：40～100cm
葉：根元に集まってつく。長楕円形で羽状に中裂する。
花：紅紫色。頭花は大きく、直径6～10cm。世界最大級。総苞は紫色の偏球形で無毛
分布：県内：丹沢、箱根／県外：本州（中部、関東地方）
生育地：砂礫の斜面や河原、ガレ場
花期：8～10月
メモ：日本固有種。フォッサ・マグナ要素の植物。
荒地に最初に入り込んでくるこの花を見ると、荒々しい戦国の侍を思わせる。

丹沢表尾根

ノハラアザミ Cirsium oligophyllum
（野原薊）－キク科、アザミ属

高さ：50～120cm
葉：根生葉は大きく、羽状に深裂し、裂片は7～10対ある。中脈が赤みを帯びることが多い。根生葉は花期にも残る。茎葉は上部ほど小さい。
花：紅紫色。頭花は上向き。総苞は鐘状で、触っても粘らない。総苞片はやや反り返る。
分布：県内：丹沢、箱根、小仏山地、多摩丘陵／県外：本（東北～近畿地方）
生育地：林縁、草地
花期：9～12月
メモ：良く似たノアザミは、夏に咲き、また総苞は丸く粘る。

陣馬山

赤～青系

秋

－ 198 －

アズマヤマアザミ Cirsium microspicatum
（東山薊）－キク科、アザミ属

高さ：100〜150cm
葉：互生。下部の葉は羽状に中裂し、裂片は4〜5対ある。花時に根生葉は枯れる。
花：紅紫色。頭花には柄が無い。総苞は筒型で、総苞片は短く反曲しない。
分布：県内：丹沢、箱根、小仏山地／県外：本（関東〜中部地方）
生育地：林内、林縁
花期：9〜11月
メモ：東日本に生えるアズマヤマアザミに対し、四国と九州のヤマアザミは頭花が多数つき、総苞片に太い刺があり反り返る。

ホソエノアザミ Cirsium tenuipedunculatum
（細柄野薊）－キク科、アザミ属

高さ：60〜120cm
葉：互生。下部の葉は羽状に深裂し、先端は尾状に尖り、裂片は8対ほどある。
花時に根生葉は枯れる。
花：紅紫色。頭花に細い柄がある。総苞は筒型で、総苞片は伸び反曲する。
分布：県内：丹沢、箱根／県外：本（関東西部、中部南東部）
生育地：林内、林縁
花期：9〜10月
メモ：丹沢の稜線や大山では群生している所もあり、又、アズマヤマアザミと一緒に群れている箇所もある。

キセルアザミ Cirsium sieboldii
（煙管薊）－キク科、アザミ属

高さ：50～100cm
葉：茎葉は小さくて少ない。根生葉は花期にも残る。
花：紅紫色。筒状花。頭花は花茎の先に1～2個斜め下向きに咲く。
分布：県内：箱根／県外：本、四、九
生育地：湿地
花期：9～10月
メモ：別名マアザミ。
絶滅危惧ⅠA類。
煙管（きせる）といっても今の子供たちには分らないのでは。昭和20年代、きざみ煙草を煙管につめて吸っていた親の姿を思い出す。

タイアザミ Cirsium nipponicum var. incomptum
（－）－キク科、アザミ属

高さ：60～150cm
葉：互生。羽状に中裂し、裂片に太い刺がある。根生葉は花期には残らない。
花：紅紫色。頭花は横向き。総苞片は反り返り、粘らない。
分布：県内：全域／県外：本（関東地方）
生育地：林縁、草地
花期：9～11月
メモ：別名トネアザミ（利根薊）『神植誌2001』によると、北半球を中心に約300種が知られ、日本には60種以上があり、県内に10種が分布し、若干の帰化種（アメリカオニアザミ）がある。

タムラソウ Serratula coronata subsp. insularis
（田村草）－キク科、タムラソウ属

高さ：30〜140cm
葉：互生。羽状に全裂。裂片は6〜7対。両面に細毛がある。
花：紅紫色。舌状花は無く、筒状花だけで上向きに咲く。総苞は鐘形でべとつかない。果実はそう果。
分布：県内：県中央部、東部、山地高所を除き広く分布／県外：本、四、九
生育地：林縁、ススキ草原
花期：8〜10月
メモ：この時期、花だけ見るとノハラアザミと間違いそうですが、タムラソウの葉は刺が無く柔らかい。

赤〜青系

オヤマボクチ Synurus pungens
（雄山火口）－キク科、ヤマボクチ属

高さ：80〜150cm
葉：互生。下部の葉は卵状長楕円形。長い柄があり葉の長さ15〜35cmと大きい。上部の葉は小型。
花：濃紫色。球鐘形。筒状部の狭部は太い部分より短い。
分布：県内：丹沢、箱根、小仏山地／県外：北（西南部）、本（中部以東）
生育地：林縁
花期：9〜10月
メモ：ハバヤマボクチの葉は3角状で基部はホコ形。ほくち（火口）とはひうちで打ち出した火をうつし取るものをいい、本種の乾燥した葉が使われた。

秋

キントキヒゴタイ Saussurea sawadae
（金時平江帯）－キク科、トウヒレン属

高さ：100～150cm
葉：根生葉は卵形。長い柄があり縁が大きく湾入するものとしないものがある。
花：紅紫色。総状、散房、円錐花序。総苞の長さ13～15mmで、外片の先は鈍く尖り反曲する。
分布：県内：丹沢、箱根／県外：本（静岡県）
生育地：草地
花期：9～10月
メモ：別名センゴクヒゴタイ。よく似たタカオヒゴダイは、総苞片の先が鋭く尖り、普通、葉の縁が大きく湾入する。

タンザワヒゴタイ Saussurea hisauchii
（丹沢平江帯）－キク科、トウヒレン属

高さ：60～120cm
葉：根生葉は3角状卵形。縁に鋸歯がある。
花：紅紫色。散房、円錐花序。総苞の長さ12～14mmで、外片は直立する。
分布：県内：丹沢（標高1,300m以上）、箱根／県外：（愛鷹山、御蔵島）
生育地：草地、岩場
花期：8～9月

ベニバナボロギク Crassocephalum crepidioides
（紅花襤褸菊）－キク科、ベニバナボロギク属

高さ：50～80cm
葉：互生。倒卵状長楕円形。下部の葉は不規則な羽状。
花：朱赤色。総苞は筒状。頭花は下垂する。花柱の先は2裂してくるりと巻く。
分布：県内：全域／国外：アフリカ、アジア、オーストラリアの温帯～熱帯
生育地：林縁、草地
花期：8～10月
メモ：アフリカ原産の帰化植物。よく似た帰化植物にダンドボロギクがある。頭花は上を向き色は淡黄色で、花柱の先は2裂し左右に分かれ巻くことは無い。

生藤山登山口

ワレモコウ Sanguisorba officinalis
（吾木香）－バラ科、ワレモコウ属

高さ：50～100cm
葉：対生。奇数羽状複葉。長楕円形。
花：暗赤紅色。楕円形の穂状花序。花は上から下へ咲き進む。
分布：県内：丹沢の高所を除き広く分布／
県外：北、本、四、九／
国外：朝鮮、中国、サハリン、シベリア、ヨーロッパ
生育地：草地
花期：8～10月
メモ：'木香'といえばインド産の香木を思い出しますが、ワレモコウには芳香がありません。何故'木香'の字が使われているのかは不明。

箱根

赤～青系

秋

バアソブ Codonopsis ussuriensis
（婆ソブ）－キキョウ科、ツルニンジン属

高さ：つる性
葉：主軸の葉は互生で、広披針形。側枝の葉は対生又は3～4個輪生し、長楕円形～広披針形で、主軸の葉より大。
花：紅紫色。花冠は広鐘形で、内側に濁紫色の斑点がある。果実は翼の無いさく果。
分布：県内：数箇所に限定／県外：北、本、四、九／国外：朝鮮、中国東北部、ウスリー、アムール
生育地：林床、林縁
花期：8～9月
メモ：絶滅危惧ⅠA類

ツルニンジン Codonopsis lanceolata
（蔓人参）－キキョウ科、ツルニンジン属

高さ：つる性
葉：主軸の葉は互生で、披針形。側枝の葉は対生、又は3～4個輪生し、広披針形で主軸の葉より大きい。
花：白緑色。広鐘形。内側に紫褐色の斑点がある。果実は翼のあるさく果。
分布：県内：全域に普通／県外：北、本、四、九／国外：朝鮮、中国東北部、ウスリー、アムール
生育地：林内
花期：8～10月
メモ：別名：ジイソブ
根は人参（高麗人参）に似る。

箱根

ツリガネニンジン Adenophora triphylla var. japonica
（釣鐘人参）－キキョウ科、ツリガネニンジン属

陣馬山

高さ：30～100cm。茎は有毛。
葉：3～4個が輪生（対生や互生も混じる）。卵状楕円形で鋸歯がある。
花：青紫色～淡紫色。輪生するが、対生や互生も混じる。花冠は鐘形。花柱は花冠からやや突き出る。ガク裂片は線形で小さな鋸歯がある。果実は卵形のさく果。
分布：県内：全域に普通／県外：北、本、四、九／国外：サハリン、千島
生育地：明るい草地
花期：8～10月

赤～青系

ソバナ Adenophora remotiflora
（岨菜、蕎麦菜）－キキョウ科、ツリガネニンジン属

丹沢・標高1,500m付近

高さ：50～100cm。茎は無毛。
葉：互生。卵形又は広披針形。
花：淡青紫色。円錐花序。花冠は漏斗状鐘形。先端は5裂し広がり、反り返る。ガク裂片は披針形で全縁。果実は卵形のさく果。
分布：県内：全域に普通／県外：北、本、四、九／国外：朝鮮、中国
生育地：林縁、草地
花期：8～10月
メモ：岨道に生えるので岨菜。またこの葉を食したことから蕎麦菜説がある（切り刻んで蕎麦のように食した、蕎麦の香りがするので）。いずれにせよ決め手なし。

秋

ウスバヤブマメ Amphicarpaea edgeworthii var. trisperma
（薄葉藪豆）－マメ科、ヤブマメ属

高さ：つる性。
茎に伏毛がある。
葉：互生。3出複葉。頂小葉は長卵形。葉柄と葉の両面に毛がある。
花：淡紅色。総状花序。蝶形花。
分布：県内：丹沢、箱根の高所／県外：北、本、四、九
生育地：林縁
花期：9～10月
メモ：ヤブマメ var. edgeworthii は山地高所を除き広く分布し、茎には開出毛が生え、葉は小型で頂小葉は長卵形。

生藤山・茅丸

ナンテンハギ Vicia unijuga
（南天萩）－マメ科、ソラマメ属

高さ：30～60cm
茎は直立し稜がある。
葉：互生。卵形～長楕円形。無毛で先は尖る。
花：青紫色。総状花序。蝶形花。果実は豆果。
分布：県内：丹沢や箱根の高所を除き全域／県外：北、本、四、九／国外：東ア
生育地：林縁、草地
花期：6～10月
メモ：マメ科なのに羽状複葉でもなく、また巻きひげも無い。草むらで見たナンテンハギは直立出来ず半分寝そべっていた。

明神峠

ヤブハギ Desmodium mandshuricum
（藪萩）－マメ科、ヌスビトハギ属

石老山

高さ：60〜100cm
葉：互生。狭卵形。柄の長い3出複葉。茎の一部に集まってつく。
花：淡紅色。穂状花序。蝶形花。花冠の長さは4mmほど。果実は節果で2節あり、柄の長さは7mmほど。
分布：県内：ほぼ全域／県外：北、本、四、九／国外：朝鮮、中国、ウスリー
生育地：林内、林縁
花期：7〜9月
メモ：フジカンゾウ
D.oldhamii の葉は奇数羽状複葉で小葉は5〜7個つく。花冠も大きい。

赤〜青系

ヌスビトハギ Desmodium oxyphyllum
（盗人萩）－マメ科、ヌスビトハギ属

大倉尾根

高さ：60〜100cm
葉：互生。長卵形。柄の長い3出複葉。茎全体に分散しまばらにつく。
花：淡紅色。穂状花序。蝶形花。花冠の長さは4mmほど。果実は節果で2節あり、柄の長さは4mmほど。
分布：県内：ほぼ全域／県外：北、本、四、九／国外：朝鮮、中国、東ア
生育地：林縁、草地
花期：7〜9月
メモ：節果が盗人のつま先歩きの足跡に似るのでついた名。昔は舗装されていなかったので足跡も目立ったのでしょう。

秋

ホトトギス Tricyrtis hirta
（杜鵑草）－ユリ科、ホトトギス属

箱根

高さ：40〜90cm
茎には斜め上向きの毛が密生する。
葉：長楕円形で、先は尖り、基部は茎を抱く。
花：淡紅紫色で濃紫色の斑点が入る。花被片は6個あり斜めに開く。花柱は上部で3裂し、柱頭は更に2中裂する。
分布：県内：全域／県外：本、四、九
生育地：湿った林内、岸壁
花期：9〜10月
メモ：標高900m付近でもこんなに花がついていました。

ヤマホトトギス Tricyrtis macropoda
（山杜鵑草）－ユリ科、ホトトギス属

丹沢主稜

高さ：40〜80cm
茎に下向きの毛がある。
葉：互生。
花：白色で淡紅紫色の斑点が入るが、斑点は少ない。散房花序。花被片は強く反り返る。
分布：県内：全域／県外：北、本、四、九／国外：朝鮮、中国
生育地：林内、林縁
花期：7〜9月
メモ：8月中旬、暦の上では秋になる頃、丹沢の山はまだ真夏のような暑さですが、容姿端麗なヤマホトトギスが出迎えてくれました。

赤〜青系

秋

ツルボ Scilla scilloides
（蔓穂）－ユリ科、ツルボ属

高さ：20〜40cm
葉：根生葉。広線形で葉は2個。茎葉はない。
花：淡紅紫色。総状花序。花弁は6個。小さな花が多数つく。果実は丸いさく果。
分布：県内：全域／県外：北、本、四、九／国外：東アジア
生育地：林床
花期：8〜9月
メモ：球根（鱗茎）の皮をはぐと、ツルツルの坊主頭のようです。このツルツル坊主から'ツルボ'になった－『野草の名前』。

箱根・丸岳　　球根

赤〜青系

ヤマラッキョウ Allium thunbergii
（山辣韮）－ユリ科、ネギ属

高さ：30〜60cm
葉：根生葉。扁平。
花：紅紫色。散形花序で直径3cmほどの球状となる。花弁は6個で半開。雄しべ6個は花弁より長く、飛び出る。
分布：県内：丹沢、箱根、他疎らに分布／県外：本、四、九／国外：朝鮮、中国
生育地：林縁。草地
花期：9〜11月
メモ：別名タマムラサキ（玉紫）

明神ヶ岳

秋

オオミゾソバ Persicaria thunbergii var. hastatotriloba
（大溝蕎麦）－タデ科、イヌタデ属

赤～青系

箱根・標高800m付近

高さ：30～100cm
茎に下向きの刺がある。
葉：互生。ホコ形で基部は耳状に張り出し八の字型の黒い模様がある。葉柄に翼がある。
花：淡紅色。花弁状のガクは5裂。花は上部の葉腋から出る枝につき、先端に頭状に集まる。果実はそう果。
分布：県内：中央部と三浦半島をのぞきほぼ全域／県外：北、本、四、九／国外：朝鮮、中国
生育地：湿地
花期：8～10月
メモ：ミゾソバ（別名ウシノヒタイ）の花は茎の中部以上から出る枝の先にまとまってつく。

キツネノカミソリ Lycoris sanguinea
（狐の剃刀）－ヒガンバナ科、ヒガンバナ属

大倉尾根

高さ：30～50cm
花茎は葉が枯れた後のびる。
葉：春に葉をのばし夏に枯れる。のびると水仙の葉に似る。
花：橙色。散形花序。花被片は反曲しない。雄しべは花被片と同じ長さ。
果実はさく果。
分布：県内：丘陵～山麓／県外：北(帰化)、本、四、九／国外：朝鮮、中国
生育地：林縁
花期：8～9月
メモ：『野草の名前』によりますと、春先に出る葉を日本カミソリに見立て、花は狐火に見立てた。

秋

コツブヌマハリイ Eleocharis parvinux
（小粒沼針藺）－カヤツリグサ科、ハリイ属

茶・その他

オオヌマハリイ

高さ：30〜50cm。茎は緑色で、太さ2.5mmほど。
小穂：紫褐色。花被片は刺針状で、果実の２倍の長さ。鱗片の先は尖る。
分布：県内：箱根／県外：本（東北、関東）
生育地：湿地
花期：８〜10月
メモ：絶滅危惧ＩＡ類
オオヌマハリイ（別名ヌマハリイ）の茎は鮮緑色で、太くて（5mmほど）柔らかい。触るとふにゃふにゃです。

秋

ウラハグサ Hakonechloa macra
(裏葉草) －イネ科、ウラハグサ属

高さ：40～70cm
葉：無毛。表面は白緑色で光沢は無く、裏面は緑色で光沢があり、葉の裏面が必ず反転する。
花：白色。円錐状。1小穂5小花以上。外花頴の先は芒となる。
分布：県内：丹沢、箱根／県外：本（関東西部～東海、紀伊半島）
生育地：林内や林縁の岩上
花期：8～10月
メモ：日本固有種で1属1種。フウチソウ（風知草）は園芸品種。

チヂミザサ Oplismenus undulatifolius
(縮笹) －イネ科、チヂミザサ属

高さ：10～30cm
葉：広披針形。縁が縮れている。笹の葉に似る。
花：小穂は長さ3mmほどで、長い芒がある。
分布：県内：全域／県外：北、本、四、九／国外：ユーラシア
生育地：林下、林縁
花期：9～11月
メモ：チヂミザサは毛の有無で3変種に分類－『神植誌2001』、コチヂミザサ：花序の主軸や葉身、葉鞘に毛が無いかあっても短軟毛。ケチヂミザサ：花序の主軸や葉身、葉鞘に基部のふくれた長毛がある。チャボチヂミザサ：全体非常に小型で全草毛が無く、花序の主軸は無毛。

コブシ Magnolia praecocissima
（拳、辛夷）－モクレン科、モクレン属

樹高：5～15m
雌雄同株の落葉高木。
葉：互生。倒卵形。全縁で葉先は尖る。花の下に1個小さな葉がつく。
花：白色で基部はピンク。花弁は6個。ガク片は3個で緑色。果実は袋果が集まった集合果。
分布：県内：疎らに全域／県外：北、本、四、九／国外：朝鮮
生育地：落葉樹林内
花期：3～4月
メモ：ごつごつした果実の形からコブシ（拳）の名が。辛夷（しんい）は生薬名。

白色系

高指山

ホオノキ Magnolia hypoleuca
（朴の木）－モクレン科、モクレン属

樹高：20～30m
雌雄同株の落葉高木。
葉：枝先に輪生状につく。倒卵状長楕円形。長さ30～40cm。
花：黄白色。頂生し花茎約15cm。果実は袋果が集まった集合果。
分布：県内：ほぼ全域／県外：北、本、四、九
生育地：落葉樹林内
花期：5～6月
メモ：葉と花は日本最大。子供の頃、高下駄を'ほおば'と呼んでいた。これが朴歯の下駄であることを知らなかった。乾燥させた葉に味噌をのせ焼いた'ほおばみそ'は美味。

東丹沢

樹木

白色系

ミヤマシキミ Skimmia japonica var. japonica
（深山樒）－ミカン科、ミヤマシキミ属

樹高：0.5〜1.5m。常緑の小低木。幹は直立。有毒植物。
葉：互生だが輪生状に見える。長楕円形。縁は全縁で無毛。
花：白色。円錐花序。4弁花。果実は球形の液果。赤く熟す。
分布：県内：丹沢、箱根、小仏山地／県外：本（福島以南）、四、九、／国外：台湾
生育地：林内
花期：4〜5月

南山

ツルシキミ Skimmia japonica var. intermedia
（蔓樒）－ミカン科、ミヤマシキミ属

樹高：1mほど。茎下部は地を這い先端部は立つ。
葉：互生だが輪生状に見える。長楕円形。縁は全縁で無毛。
花：白色。円錐花序。4弁花。
分布：県内：丹沢、箱根／県外：北、本、四、九／国外：千島、サハリン
生育地：林内
花期：5〜6月
メモ：別名ツルミヤマシキミ

同角山稜

コクサギ Orixa japonica
（小臭木）－ミカン科、コクサギ属

樹高：1.5〜3m。落葉低木。
葉：互生だが左右交互に2個ずつつく。倒卵形。
花：黄緑色。総状花序。4弁花。
分布：県内：全域／県外：本、四、九／国外：朝鮮、中国
生育地：林内
花期：4〜5月
メモ：臭気があり、特に葉をちぎると強い悪臭がする。

大野山

樹木

シキミ Illicium anisatum
（樒）－シキミ科、シキミ属

樹高：2～5m
常緑小高木。
葉：互生。長楕円形。ふちは全縁で葉先は尖る。
花：黄白色。花被片は10～20個。雄しべは多数。果実は八角形の袋果が集まった集合果。
分布：県内：丹沢、箱根、他丘陵地／
県外：本、四、九、沖縄／国外：朝鮮、中国、台湾
生育地：林内
花期：3～4月
メモ：全体に有毒のため、シカの採食から免れ群れているところもある。

大山

白色系

サルトリイバラ Smilax china
（猿捕茨）－ユリ科、サルトリイバラ属

樹高：落葉つる性低木。茎に疎らな刺がある。
葉：互生。卵円形。縁は全縁。葉柄基部の托葉からのびた巻きひげが他のものに絡みつき伸びていく。
花：黄緑色。散形花序。花被片は6個で上部は反り返る。果実は赤い色をした球形の液果。
分布：県内：全域／県外：北、本、四、九／国外：朝鮮、中国、インドシナ
生育地：林縁、林内
花期：3～4月
メモ：猿捕茨という怖い名前ですがなんと花の可愛いこと。

湯船山

樹木

マメザクラ Prunus incisa
（豆桜）－バラ科、サクラ亜科、スモモ属

樹高：3～8m
落葉低木～小高木。
葉：互生。倒卵形。縁に欠刻状の重鋸歯がある。
花：白色～淡紅紫色。5弁花で花茎2cmほどの花を下向きに付ける。ガク筒は紅紫色。花柄に毛が散生。
分布：県内：丹沢、箱根／県外：本（富士周辺、伊豆半島、房総半島）
生育地：山地上部
花期：3～5月
メモ：別名フジザクラ
日本固有種。フォッサ・マグナ要素の植物。5月中旬になると、丹沢の稜線でも見られる。

ミヤマザクラ Prunus maximowiczii
（深山桜）－バラ科、サクラ亜科、スモモ属

樹高：7～10m
落葉小高木。
葉：互生。倒卵形。縁は重鋸歯で、葉の表面と葉裏の脈上及び葉柄に毛がある。
花：白色。総状花序。5弁花で花茎2cmほど。6～10個を上向きに付ける。
分布：県内：丹沢、箱根／県外：北、本（三重県以北）四、九／国外：朝鮮、中国、ウスリー
生育地：山地上部
花期：5～6月
メモ：背が高く花が上向きなので、写真を撮るのに苦労しました。

ウワミズザクラ Prunus grayana
（上溝桜）－バラ科、サクラ亜科、スモモ属

白色系

樹高：10〜20m
落葉高木。樹皮には横長の皮目が入る。
葉：互生。卵状長楕円形。縁に細かい鋸歯が入り、葉先は尾状に長く尖る。
花：白色。総状花序。花序はブラシのように見える。果実は核果。
分布：県内：丹沢、箱根の高所を除く全域／県外：北、本、四、九／国外：中国
生育地：谷間、沢沿い
花期：4〜5月
メモ：花と葉はほぼ同時で、花の咲く枝に葉が3〜5個つく。

モミジイチゴ Rubus palmatus var. coptophyllus
（紅葉苺）－バラ科、キイチゴ属

樹高：1〜2m
落葉低木。茎に刺がある。
葉：互生。広卵形で掌状に3〜5裂。葉柄に刺がある。カエデの葉に似る。
花：白色。5花弁で、花茎3cmほど。花は下向きに咲く。
分布：県内：全域／県外：北（南部）、本（中部以北）
生育地：林縁
花期：3〜5月
メモ：通常キイチゴと呼んでいる。若い頃は見つけると口にしていたが、虫が多いので、最近は食べないようにしている。

樹木

ニガイチゴ Rubus microphyllus
（苦苺） －バラ科、キイチゴ属

樹高：0.3〜1m
夏緑性小低木。茎は赤紫色を帯びる。刺が多い。
葉：互生。広卵形。3浅裂する葉もある。
花：白色。花弁は5個で、花茎2cmほど。
分布：県内：ほぼ全域／県外：本、四、九／国外：中国
生育地：林床、林縁、ガラ場、崩壊地
花期：4〜5月
メモ：種を口にしたことはありませんが、名の通り苦いそうです。

丹沢主脈

ミヤマニガイチゴ Rubus koehneanus
（深山苦苺） －バラ科、キイチゴ属

樹高：0.3〜0.9m
夏緑性小低木。
葉：長卵形。3深裂し、葉先はとがる。
花：白色。花弁は5個で、花茎2.5cmほど。
分布：県内：丹沢／県外：本（近畿以北の中部地方）
生育地：草地
花期：6〜7月
メモ：日本固有種
ニガイチゴより標高の高いところに生える。草むらの中で、わずか数株が地面にへばりつくように寄り添っていました。

バライチゴ Rubus illecebrosus
（薔薇苺）－バラ科、キイチゴ属

樹高：0.2～0.4m
夏緑性小低木。茎は無毛で、刺が多い。
葉：互生。奇数羽状複葉。小葉は披針形で、5～7対あり側脈が目立つ。ふちは重鋸歯。
花：白色。花弁は5個。花茎3～4cm。雄しべ多数。
分布：県内：丹沢、箱根他は稀／県外：本（関東以西）、四、九
生育地：崩壊地、草地
花期：5～7月
メモ：秋、山に入ると赤く熟した実を目にすることが多い。一度だけ口にしたことがあるが、まあまあの味。

高指山

白色系

クサイチゴ Rubus hirsutus
（草苺）－バラ科、キイチゴ属

樹高：0.3～0.5m
夏緑性小低木。茎には太い腺毛と白い開出毛が密生する。
葉：互生。奇数羽状複葉。小葉は卵状長楕円形で1～2対
花：白色。花弁は5個。花茎4cmほど。雄しべは多数。
分布：県内：全域／県外：本、四、九／国外：朝鮮、中国
生育地：林縁、林内
花期：4～5月
メモ：何度か食べてみたが甘味は殆どなかった。

大倉尾根

樹木

ノイバラ Rosa multiflora
（野薔薇、野茨）－バラ科、バラ属

樹高：1～2m。落葉低木。枝に鋭い刺がある。
葉：互生。奇数羽状複葉。小葉は楕円形で7～9個、裏面は有毛、縁に鋸歯がある。托葉は深くクシの歯状に裂ける。
花：白色。円錐花序。5弁花で花茎2cmほど。果実は球形の偽果でそう果が入っている。
分布：県内：全域／県外：北、本、四、九／国外：朝鮮、中国
生育地：林縁
花期：5～6月
メモ：野薔薇より野茨のほうがこの植物らしい名ですね。

サンショウバラ Rosa hirtula
（山椒薔薇）－バラ科、バラ属

樹高：5～6m
落葉小高木。バラ属で最大。
葉：互生。奇数羽状複葉。小葉は楕円形で7～17個。縁に鋸歯がある。
花：白色～淡紅色。5弁花で花茎5cmほど。
分布：県内：丹沢西部、箱根／県外：本（山梨、静岡）
生育地：林縁、林内
花期：5～6月
メモ：フォッサ・マグナ要素の植物。和名は葉がミカン科のサンショウに似ることから。

フジイバラ Rosa fujisanensis
（富士茨）－バラ科、バラ属

樹高：1～2m
夏緑性低木。刺はまっすぐ。
葉：奇数羽状。小葉は3～4対、無毛。托葉に鋸歯は無い。
花：白色。花茎3cmほど。
分布：県内：丹沢、箱根／県外：本（富士周辺、秩父、近畿）、四
生育地：林内
花期：6～7月

白色系

アズマイバラ Rosa onoei var. oligantha
（東茨）－バラ科、バラ属

樹高：1～2m。夏緑性低木。
葉：奇数羽状。小葉は2～3対、無毛。托葉に鋸歯は無い。
花：白色。花茎3cmほど。
分布：県内：全域／県外：本（宮城～愛知の太平洋側）
国外：朝鮮
生育地：林縁
花期：5～6月
メモ：別名オオフジイバラ、ヤマテリハノイバラ

テリハノイバラ Rosa luciae
（照葉野茨）－バラ科、バラ属

樹高：1～2m。夏緑性低木。地表を這い広がる。
葉：奇数羽状。小葉は3～4対、無毛。托葉に鋸歯がある。
花：白色。花茎3cmほど。
分布：県内：全域／県外：本、四、九／国外：朝鮮
生育地：林縁
花期：5～6月

樹木

カナウツギ Stephanandra tanakae
（かな空木）－バラ科、コゴメウツギ属

白色系

金時山

樹高：1～2m。落葉低木。
葉：互生。広卵形。羽状に欠刻し、基部で更に3裂し、先端は鋭く尖る。
葉の長さ5～9cm。葉柄の長さ1～1.5cm。
花：白色。円錐花序。小花を多数つける。花弁は5個で、雄しべは15～20個。果実は袋果。
分布：県内：丹沢、箱根、小仏山地／県外：本（関東～近畿の太平洋側、新潟）
生育地：林縁
花期：5～7月
メモ：別名ヤマドウシン
フォッサマグナ要素の植物。

コゴメウツギ Stephanandra incisa
（小米空木）－バラ科、コゴメウツギ属

大山

樹高：1～2m。落葉低木。若い枝は赤っぽい。
葉：互生。卵形。羽状に中裂し、基部で更に3裂し、先端は鋭く尖る。
葉の長さ5～6cm。
葉柄の長さ4～8mm。
花：白色～帯黄色。円錐花序。花弁は5個で、小花を多数つける。雄しべは10個。果実は袋果。
分布：県内：全域／
県外：北、本、四、九／
国外：朝鮮、中国、台湾
生育地：林縁
花期：5～6月
メモ：カナウツギより小型。

樹木

ナナカマド Sorbus commixta
（七竈） －バラ科、ナナカマド属

白色系

樹高：7～10m。落葉高木。樹皮は暗褐色で、無毛。
葉：奇数羽状複葉で互生。小葉は5～7対。披針形～狭卵状長楕円形で、ふちに鋸歯があり、葉の先は尖る。基部は円形～くさび形。
花：白色。複散房花序。枝先に多数の白い花をつける。花弁は5個で、円形～卵円形。果実は丸く先端は凹む。
分布：県内：丹沢、箱根／県外：北、本、四、九／国外：朝鮮、樺太、サハリン
生育地：山地の日当たりの良い場所
花期：6～7月／紅葉期：9～10月
メモ：和名の由来に、①ナナカマドは材が燃えにくく、かまどに七度入れても焼き残るから－『牧野新日本植物図鑑』。②この名は炭焼きと関連した名であると思う－中略－その工程に七日間を要し、七日間かまどで蒸し焼きにするというので、七日竃すなわちナナカマドとよばれるようになったと思う－『植物名の由来』。実際にナナカマドの木は良く燃えるそうです。高山を歩かれた方はタカネナナカマドやウラジロナナカマドを良くご存知だと思います。後者の果実の先端はナナカマドと同じ様に凹んでいますが、タカネナナカマドはでっぱっています。

樹木

カマツカ Pourthiaea villosa
（鎌柄）－バラ科、カマツカ属

樹高：4～6m
落葉小高木。小花柄に突起する皮目がある。
葉：互生。広倒卵形・狭倒卵形。葉先は尾状に尖る。
花：白色。複散房花序。花茎1cmほどの小花を多数つける。花弁、ガク片は5個。雄しべは多数。
分布：県内：全域／県外：本、四、九／国外：朝鮮、中国、東南アジア
生育地：林縁
花期：4～5月
メモ：別名ウシコロシ
本種は葉の形や毛の有無等に変異が多い。

アセビ Pieris japonica
（馬酔木）－ツツジ科、アセビ属

樹高：2～6m。落葉低木。
葉：互生。倒披針形～長楕円形。葉は枝先に集まってつく。
花：白色。円錐花序。花冠はつぼ形で、先は浅く5裂。果実はさく果。
分布：県内：丹沢、箱根、小仏山地／県外：本(宮城以南)、四、九
生育地：林縁
花期：3～5月
メモ：葉に毒がある有毒植物。万葉集にアセビの花に寄せた恋の歌が数多く歌われています。「わが夫子に我が恋ふらくは、奥山の馬酔木の花の、今盛りなり」（10-1903）。山で馬酔木を見ると思い出します。

ゴヨウツツジ Rhododendron quinquefolium
(五葉躑躅) －ツツジ科、ツツジ属

樹高：3～6m
落葉小高木。
葉：枝先に5個輪生状につく。菱形状卵形。
花：白色。漏斗状。花冠は5裂する。雄しべは10個。果実はさく果。
分布：県内：丹沢、箱根／県外：本（東北、関東、東海）四
生育地：林縁
花期：5～6月
メモ：別名シロヤシオ、マツハダ。春、私たちの心を清めてくれるかのように純白の花を咲かせ、秋になると、真紅に大変身し、目を楽しませてくれます。

白色系

檜洞丸・ツツジ新道

紅葉・丹沢主脈

樹木

白色系

ヒカゲツツジ Rhododendron keiskei
（日陰躑躅）－ツツジ科、ツツジ属

樹高：1～2m
常緑低木。
葉：枝先に輪生状につく。披針形～長楕円形。葉先は鋭く尖る。
花：淡黄色。花冠は5裂。花茎は4cmほど。雄しべは10個。
分布：県内：丹沢／県外：本（新潟・福島以西）、四、九
生育地：湿った岩場、崖
花期：4～5月
メモ：絶滅危惧ⅠＢ類
ミツバツツジと一緒に咲いていると、目立たないようですが、かえって引き立つ感じでした。

ハコネコメツツジ Rhododendron tsusiophyllum
（箱根米躑躅）－ツツジ科、ツツジ属

樹高：0.2～0.6m
半常緑低木。
葉：互生。楕円形。長さ4～12mmと小さく密につく。
花：白色。筒状鐘形。外面に微毛があり、長さ1cm以下。葯が縦に裂ける。
分布：県内：丹沢、箱根／県外：本（秩父山地～御蔵島）
生育地：風当たりの強い岩場
花期：6～7月
メモ：フォッサ・マグナ要素の代表的植物。ツツジ属の他の種では、葯の先端に穴があき、花粉を飛び散らすのに対して、本種は葯が縦に裂けて花粉を出す特異な形態－『フォッサ・マグナ要素の植物』。

樹木

イワナンテン Leucothoe keiskei
（岩南天）－ツツジ科、イワナンテン属

高さ：0.3～1m
常緑の低木。
葉：広披針形。表面は光沢がある。
花：白色。総状花序。筒状花で、花冠の長さは2cmほど。先は浅く5裂。花序は前年の枝につく。果実は球形のさく果。
分布：県内：丹沢、箱根／県外：本（関東以西）
生育地：日陰の岩場
花期：7～8月
メモ：庭にあるナンテンの葉を想像していたが、岩場から垂れ下がったイワナンテンの方が分厚く光沢のある葉だった。

白色系

箱根

ハコネハナヒリノキ Leucothoe grayana var. venosa
（箱根鼻嚏の木）－ツツジ科、イワナンテン属

樹高：1mほど。落葉小低木。枝は良く分枝する。
葉：長楕円形。縁は有毛。
花：淡緑色～赤色を帯びることが多い。つぼ型。花序は前年の枝に頂生する。
分布：県内：丹沢、箱根／県外：本（山梨、静岡）
生育地：風衝草原、礫地
花期：6～7月
メモ：ハナヒリノキの変種。葉は小さく縁に毛が生えるのが特徴。この葉を粉にして殺虫剤として使用した。この粉が激しいくしゃみを起こさせるのでこの名がある－『樹木』。

箱根

樹木

白色系

ツクバネウツギ Abelia spathulata var. spathulata
（衝羽空木）－スイカズラ科、ツクバネウツギ属

樹高：2mほど。落葉低木。
葉：対生。卵状長楕円形。
花：白〜淡黄色。筒形。ガク片は5個で、同じ大きさ。
分布：県内：全域／
県外：本、四、九（稀）
生育地：林内、林縁
花期：5〜6月
メモ：日本固有種
花冠の色が濃紅色のものをベニバナツクバネウツギ var. sanguinea という。

金時山

ベニバナツクバネウツギ var. sanguinea

花：濃紅色〜淡いピンク色。
分布：県内：丹沢、箱根／
県外：本（関東〜中部）
生育地：林内
花期：5〜6月
メモ：フォッサ・マグナ要素の植物。花冠の色は様々で、見事な花園を造っていました。

冠が岳・濃紅色

赤と黄色

淡紅色

ピンク

淡いピンク

樹木

オオツクバネウツギ Abelia tetrasepala
（大衝羽根空木）－スイカズラ科、ツクバネウツギ属

白色系

西丹沢

樹高：1〜2m
落葉低木。
葉：対生。広卵形。縁は粗い鋸歯がある。
花：白色〜淡黄色。新枝の先に普通2個付ける。花冠は筒状の鐘形。長さ3〜4cm。ガク片5個のうち1個が小さいか、ときに4個。果実はそう果。
分布：県内：丹沢、小仏山地／県外：本、四、九
生育地：林内
花期：4〜5月
メモ：別名メツクバネウツギ

樹木

白色系

ムシカリ Viburnum furcatum
（虫刈）－スイカズラ科、ガマズミ属

丹沢主脈

樹高：2〜5m
雌雄同株の落葉小高木。
葉：対生。円形〜広卵形。脈が深く窪む。
花：白色。散房花序。外側の花は装飾花で5深裂する。果実は核果で真っ赤に熟し、後に黒くなる。
分布：県内：丹沢／県外：北、本、四、九／国外：朝鮮、千島、サハリン
生育地：ブナ林内
花期：5〜6月
メモ：別名：オオカメノキ。和名のムシカリは'虫食われ'から来たという説（武田久吉著の『民族と植物』）がある。

ヤブデマリ Viburnum plicatum var. tomentosum
（藪手毬）－スイカズラ科、ガマズミ属

大倉尾根

樹高：2〜4m
落葉小高木
葉：対生。楕円形〜広楕円形。
花：白色。散房花序。外側の花は装飾花で、うち1個が極端に小さい。果実は核果で赤く熟す。
分布：県内：全域／県外：本、四、九／国外：朝鮮、中国
生育地：落葉樹林内
花期：5〜6月
メモ：雷に追われ暗くなった地蔵平を蛭ヶ岳へ急いだ。足元にヤブデマリの花が輝いていた。

樹木

オオミヤマガマズミ Viburnum wrightii var. stipellatum
（大深山莢蒾）－スイカズラ科、ガマズミ属

樹高：2～4m。落葉低木。
葉：対生。広倒卵形。先端は尾状に尖り、葉の表面は全面に短毛が密生。葉片側の鋸歯は25～30個。葉柄は10mm以上。
花：白色。散房花序。花径5mmほどの小花を密につける。花冠は5裂。果実は核果。
分布：県内：丹沢、箱根／県外：北、本、四、九／国外：朝鮮
生育地：林内、林縁
花期：5～6月
メモ：ガマズミは葉が広卵形で、葉柄、花序に粗毛が密生し、葉の先は鈍端。

白色系

金時山

コバノガマズミ Viburnum erosum var. punctatum
（小葉の莢蒾）－スイカズラ科、ガマズミ属

樹高：2～4m。落葉低木。
葉：対生。長卵形。縁に粗い鋸歯があり先端は尖り、両面に毛がある。葉柄は5mm以下で、長さ4～10cm。
花：白色。散房花序。花径5mmほどの小花を密につける。花冠は5裂。果実は核果。
分布：県内：ほぼ全域／県外：本（関東以西）、四、九
生育地：林内，林縁
花期：4～5月
メモ：漢名の鞘蒾（ケフメイ）が音の変化を繰り返しガマとなりズミ（酸実）と結びついたのではないか。『木の名の由来』に詳述。

焼山

樹木

ニワトコ Sambucus racemosa
（庭常、接骨木）－スイカズラ科、ニワトコ属

樹高：2～6m
落葉低木。雌雄異株。
葉：対生。奇数羽状複葉。小葉は長楕円形で3～6対（花をつける枝では2～3対）。
花：淡黄白色。円錐花序。花茎4mm程の小花を多数つける。果実は核果。
分布：県内：全域／県外：本、四、九／国外：朝鮮
生育地：林縁
花期：4～5月
メモ：万葉集（2－90）に'山たず'の名で歌われています。まだ記紀の時代に恋人を思う心を対の葉を見て詠んだのでしょうか。

ハリエンジュ Robinia pseudoacacia
（針槐）－マメ科、ハリエンジュ属

樹高：10～20m
落葉高木。小枝の付け根に針のような刺がある。
葉：互生。奇数羽状複葉。小葉は楕円形で対生し、3～9対。
花：白色。総状花序。蝶形花。花序は下垂する。
分布：県内：全域／県外：北、本、四、九
生育地：林縁
花期：5～6月
メモ：別名ニセアカシア。北アメリカ原産の帰化植物。花には芳香があり蜂蜜の蜜源として利用されている。

ヒロハノツリバナ Euonymus macropterus
（広葉の吊り花）－ニシキギ科、ニシキギ属

樹高：6～7m
落葉低木～小高木。
葉：対生。倒卵形～倒卵状楕円形。両面共に無毛。
花：淡緑色。直径6mmほどの花を10数個つける。花弁とガクはともに4個。果実は球形のさく果で、4個の翼があり、赤く熟すと2裂する。
分布：県内：丹沢／県外：北、本（近畿地方以北）、四／国外：東北アジア
生育地：林内
花期：6～7月
メモ：ツリバナは何処を歩いても出会えるのに、ヒロハノツリバナに会うのは難しい。

白色系

ツリバナ Euonymus oxyphyllus
（吊り花）－ニシキギ科、ニシキギ属

丹沢

樹高：2～4m。落葉低木。
葉：対生。卵形～長楕円形。両面共に無毛。
花：黄緑色～淡紫色。直径8mmほど。花弁とガクはともに5個。果実は球形のさく果で、赤く熟すと5裂する。
分布：県内：全域／県外：北、本、四、九／国外：朝鮮、中国
生育地：林内
花期：5～6月
メモ：蕾が吊り下がっている姿は、ヒロハノツリバナと似ていますね。

樹木

マユミ Euonymus sieboldianus var. sieboldianus
（真弓）－ニシキギ科、ニシキギ属

樹高：3〜5m
落葉小高木。
葉：対生。長楕円形。縁に細かい鋸歯がある。
花：淡緑白色。集散花序。4弁花で花茎1cmほど。果実は赤く熟し4裂する。
分布：県内：全域／県外：本、四、九／国外：朝鮮、中国
生育地：林内
花期：5〜6月
メモ：別名カンサイマユミ　葉裏の脈上に乳頭突起のあるのはユモトマユミ（別名カントウマユミ）var. sanguinens という。

丹沢山

ニシキギ Euonymus alatus
（錦木）－ニシキギ科、ニシキギ属

樹高：1〜2m
落葉低木。枝に翼がある。
葉：対生。長楕円形。両面無毛。
花：淡黄緑色。まばらな総状花序。4弁花で花茎7mmほど。果実は橙赤色。
分布：県内：全域／県外：北、本、四、九／国外：朝鮮、中国、千島、サハリン
生育地：林内
花期：5〜6月
メモ：枝に翼の無いものをコマユミ、コルク質の翼があるものをニシキギと細分することがある。

鐘ヶ岳

白色系

樹木

ウツギ Deutzia crenata
（空木）－ユキノシタ科、ウツギ属

樹高：2～3m。落葉低木。
葉：対生。卵形～広披針形。花序の下に普通2対の柄のある葉がつく。葉はざらつく。
花：白色。総状花序。5花弁。花糸は葯の下で角張る。果実は椀状のさく果。
分布：県内：全域／県外：北、本、四、九／国外：中国
生育地：林縁
花期：5～6月
メモ：別名ウノハナ
丹沢の最深奥部で沢山の花をつけていました。ヒメウツギは樹高1mほどで葉はざらつかずウツギより細い。
ウノハナは万葉集に20首以上詠まれています。

白色系

丹沢主稜

マルバウツギ Deutzia scabra
（丸葉空木）－ユキノシタ科、ウツギ属

樹高：1～1.5m
落葉低木。
葉：対生。卵円形。花序の下につく2対の葉には柄が無く茎を抱く。
花：白色。円錐花序。5弁花。花糸は葯に向かって狭くなり、角張らない。
分布：県内：全域／県外：本（関東以西）、四、九
生育地：林縁、崖地
花期：5～6月
メモ：ウツギとの違いは葉が卵円形で柄が無いこと、又、葯の下が角張らないこと。
バイカウツギは花弁4個で、雄しべが20～40本と多数。

大倉尾根

樹木

イワガラミ Schizophragma hydrangeoides
（岩絡み）－ユキノシタ科、イワガラミ属

樹高：落葉つる性木本。
葉：対生。広卵形。縁に鋭い鋸歯がある。
花：白色。散房花序。小さい両性花を多数つけ、周囲に白い装飾花がある。ガク片は1個。
分布：県内：丹沢、箱根、小仏山地、他まばら／県外：北、本、四、九
生育地：林縁、林内
花期：6～8月
メモ：茎から太い付着根を出して岩や大木に絡みつき、上へ上へと伸びていく。可愛らしい花なのに、名前がなんとも恐ろしい。

丹沢主脈

ツルアジサイ Hydrangea petiolaris
（蔓紫陽花）－ユキノシタ科、アジサイ属

樹高：落葉つる性木本。
葉：対生。卵円形。縁に細かい鋸歯が並ぶ。
花：白色。散房花序。小さい両性花を多数つけ、周囲に白い装飾花がある。ガク片は4個。
分布：県内：丹沢、箱根／県外：北、本、四、九／国外：朝鮮、サハリン
生育地：林縁、林内
花期：5～6月
メモ：別名ゴトウヅル。高さ10m以上もある大木の上部に、まるで雪でも降り積もったかのように白く覆っていた。

三国山

白色系

樹木

コアジサイ Hydrangea hirta
（小紫陽花）－ユキノシタ科、アジサイ属

樹高：0.5～1m。落葉低木。
葉：対生。広卵形。縁に大きな鋸歯がある。
花：淡青紫色。散房花序。両性花のみで装飾花はない。
分布：県内：丹沢、箱根／県外：本（宮城以南）、四、九
生育地：林内、林縁
花期：5～6月

陣馬山

白色系

ヤマアジサイ Hydrangea serrata
（山紫陽花）－ユキノシタ科、アジサイ属

樹高：1～2m。落葉低木。
葉：対生。長楕円形～卵状楕円形。縁に鋸歯がある。
花：白～紫色。両性花と装飾花（ガク片は3～5個）からなる
分布：県内：丹沢、箱根、他丘陵地／県外：本、四、九／国外：朝鮮
生育地：林縁、林内
花期：6～7月
メモ：別名サワアジサイ

大山

ノリウツギ Hydrangea paniculata
（糊空木）－ユキノシタ科、アジサイ属

樹高：2mほど。落葉低木。
葉：対生、輪生。広楕円形。
花：白色。円錐花序。両性花と装飾花（ガク片4個）からなる。
分布：県内：丹沢、箱根、他は稀／県外：北、本、四、九／国外：中国
生育地：林縁
花期：7～8月
メモ：別名サビタ

臼ヶ岳

樹木

白色系

ガクウツギ Hydrangea scandens
（萼空木）－ユキノシタ科、アジサイ属

樹高：1～1.5m
落葉低木
葉：対生。長楕円状披針形。葉面には光沢があり、葉先は鋭頭。
花：黄緑色。散房花序。ガク片は白色で、普通3個。
分布：県内：丹沢、箱根、小仏山地／県外：本（関東西南部、東海、近畿地方）、四、九
生育地：林内、沢沿い
花期：5～6月
メモ：別名コンテリギ

檜洞丸

タマアジサイ Hydrangea involucrata
（玉紫陽花）－ユキノシタ科、アジサイ属

樹高：1.5～2m
落葉低木
葉：対生。長楕円形。両面有毛でざらつき、縁に鋭鋸歯があり、先は尖る。
花：淡紫色。散房花序。ガク片は白色で、普通4個。
分布：県内：全域／県外：本（東北南部、関東、中部地方）
生育地：林内
花期：8～9月
メモ：つぼみの時、総苞に包まれ直径3cmほどのタマのようになる。次第に総苞は落ち、多数の小花と白い装飾化の花を咲かせます。

金時山

樹木

ミズキ Swida controversa
（水木）－ミズキ科、ミズキ属

樹高：10〜20m
落葉高木。
葉：互生。広卵形〜楕円形。枝先に集まる。葉先は短く尖る。
花：白色。散房花序。花弁は4個。果実は核果で黒く熟す。
分布：県内：全域／県外：北、本、四、九／国外：朝鮮、中国、台湾、ヒマラヤ
生育地：林内
花期：5〜6月
メモ：クマノミズキ S. macrophylla の葉は対生。

白色系

ヤマボウシ Benthamidia japonica
（山法師）－ミズキ科、ヤマボウシ属

樹高：5〜15m
落葉高木。
葉：対生。卵円形〜楕円形。
花：緑色。白（まれに赤）く見えるのは総苞片で4個。花は緑色した真ん中の頭状花。
分布：県内：丹沢、箱根、小仏山地、他まばら／県外：本、四、九／国外：朝鮮
生育地：林内
花期：6〜7月
メモ：実は赤く熟し食べられる。

樹木

白色系

アオキ Aucuba japonica
（青木）－ミズキ科、アオキ属

樹高：2～3m。常緑低木。雌雄異株。樹支は緑色。
葉：対生。長楕円形。質は厚く葉の上部に粗い鋸歯がある。
花：紫褐色または緑。円錐花序。花弁は4個。
果実は核果で赤く熟す。
分布：県内：山地の高所を除き全域／県外：本（中国地方を除く）、四
生育地：林内
花期：3～5月
メモ：日本固有種
登山口から30分ほど登るとツクバネウツギの近くでアオキが花を咲かせていた。

陣馬山

ハナイカダ Helwingia japonica
（花筏）－ミズキ科、ハナイカダ属

樹高：1～2m。落葉低木。雌雄異株。全体に無毛。
葉：互生。楕円形。縁は浅鋸歯で、葉先は尾状に尖る。
花：淡緑色。花序は葉の主脈上につく。花弁は4個で卵状3角形。花茎4～5mm。果実は液果で緑色から黒く熟す。
分布：県内：全域／県外：北、本、四、九
生育地：日陰った林内
花期：5～6月
メモ：花といっても葉と同じ色なので、山歩きしている時には余程気をつけていないと見過ごしてしまう。

陣馬山

樹木

エゴノキ Styrax japonicus
（野茉莉）－エゴノキ科、エゴノキ属

白色系

樹高：7ｍほど
落葉小高木。
葉：互生。長卵形～長楕円形で、先が尖る。
花：白色。長い柄の先につき、下向きに咲く。花冠は5深裂。雌しべは雄しべより少し長い。果実は卵球形のさく果。
分布：県内：全域／県外：北、本、四、九、沖縄／国外：中国、朝鮮
生育地：丘陵地～山地
花期：5～6月
メモ：エゴノキに'斉墩果'を当てることは誤用であり、正しくは'野茉莉'である－『木の名の由来』、と指摘している。又、『広辞苑』でも「斉墩果は本来オリーブの漢名である」とあった。

樹木

白色系

ウリノキ Alangium plantanifolium var. trilobatum
（瓜の木）－ウリノキ科、ウリノキ属

樹高：3mほど。落葉低木。
葉：互生。長い柄を持つ大きな葉で、3～6裂する。
花：白色。蕾の時は長い円柱形で、開くと花弁は外側にめくれ、黄色い雄しべ（葯）が垂れ下がる。雌しべは更に長く飛び出る。果実は核果で、熟すと藍色。
分布：県内：丹沢、箱根、小仏山地／県外：北、本、四、九／国外：中国、台湾
生育地：谷筋の林内
花期：5～6月
メモ：和名は葉がウリの葉に似ていることから。

陣馬山

テイカカズラ Trachelospermum asiaticum
（定家葛）－キョウチクトウ科、テイカカズラ属

樹高：3～6m
常緑のつる性木本
葉：対生。楕円形。縁は全縁。
花：白色のちに淡黄色。集散花序。芳香があり、花冠は5裂しスクリュウのようにねじれている。果実は線形の袋果。
分布：県内：全域／県外：本、四、九／国外：朝鮮
生育地：常緑樹林内の林縁
花期：5～6月
メモ：藤原定家の墓に絡んで咲いていたことによる、と言いますが定説ではないようです。

小仏峠

樹木

マタタビ Actinidia polygama
（木天蓼）－マタタビ科、マタタビ属

樹高：落葉つる性木本
葉：互生。卵形～長卵形。先は鋭く尖り、基部は円形から広いくさび形。花期になると枝先の葉が白くなる。
花：白色。5弁花で、花茎は2cmほど。果実は細長い液果。
分布：県内：丹沢、箱根、小仏山地、他稀／県外：北、本、四、九／国外：朝鮮、中国、ウスリー、サハリン
生育地：林縁
花期：6～7月
メモ：木天蓼（もくてんりょう）は虫こぶのことで生薬名。ミヤママタタビの葉の基部は浅い心形。

白色系

西丹沢

サルナシ Actinidia arguta
（猿梨）－マタタビ科、マタタビ属

樹高：落葉つる性木本。若枝は褐色で軟毛を密生。
葉：広卵形～長楕円形。先は鋭く尖り基部は円形～くさび形。
花：白色。5弁花で、花茎は1.5cmほど。
分布：県内：丹沢、箱根、小仏山地、三浦北部、多摩丘陵／県外：北、本、四、九／国外：朝鮮、ウスリー、サハリン
生育地：林内、林縁
花期：5～6月
メモ：ナシに似る果実を猿が好んで食べる。我々も見つければ食べます。

丹沢主脈

樹木

白色系

ヒコサンヒメシャラ Stewartia serrata
（英彦山姫沙羅） －ツバキ科、ナツツバキ属

檜洞丸

樹高：2～15m
落葉高木。
葉：互生。楕円形。葉裏の中肋は有毛。
花：白色。5花弁で、花茎4cmほど。
分布：県内：丹沢、箱根／県外：本（関東南部以西）、四、九
生育地：林内
花期：6～7月
メモ：花の大きさは、ナツツバキ（花茎6～7cm）より小さく、ヒメシャラ（花茎1.5～2cm）より大きい。葉裏全体に毛のあるのはヒメシャラで、箱根に分布。

リョウブ Clethra barbinervis
（令法） －リョウブ科、リョウブ属

大山

樹高：3～6m。落葉小高木。樹皮は剥がれまだら模様となる。
葉：互生。葉は倒卵形で先は尖る。葉脈ははっきりし、粗い毛がある。
花：白色。枝先に総状花序をつける。果実は球形のさく果。
分布：県内：丹沢、箱根、小仏山地／県外：北(南部)本、四、九／国外：済州島
生育地：林縁
花期：7～9月
メモ：古くから若葉は食料（保存食）とされた。

官令－令法により植栽を命じたことが木の名前になったのではないか－『木の名の由来』、と推測している。

樹木

オニシバリ Daphne pseudomezereum
（鬼縛り）－ジンチョウゲ科、ジンチョウゲ属

樹高：0.5～1m
落葉小低木。雌雄異株。
葉：互生。倒披針形。両面ともに無毛。夏季に葉は落ちる。
花：黄緑色。ガクは筒形で先は4裂。夏に果実は赤く熟す。
分布：県内：丹沢の高所を除き普通／県外：本（東北南部以西）、四、九
生育地：林内、林下
花期：2～3月
メモ：夏季に葉が落ちることからナツボウズとも呼ばれている。
2月中旬、丹沢の西山林道を歩いていると、はやオニシバリの花が咲いていた。

西丹沢

黄色系

ミツマタ Edgeworthia chrysantha
（三叉）－ジンチョウゲ科、ミツマタ属

樹高：1～2m。落葉低木。
葉：互生。披針形。
花：黄色。花序は頭状で柄が下がり下を向く。花は葉の出る前に開花する。
分布：県内：丹沢、箱根、他／県外：本（東北以南）、四、九
生育地：植林内
花期：3～4月
メモ：中国～ヒマラヤ原産の帰化植物。紙の原料として室町時代に渡来。現在は観賞用に栽培されている。
野生化したものが山地でも見られます。西丹沢のミツバ岳に群生している。

箱根

樹木

キブシ Stachyurus praecox
（木五倍子）－キブシ科、キブシ属

樹高：3～6m
雌雄異株の落葉低木。
葉：互生。長楕円形。
花：淡黄色。花は葉に先立ち、一列に並んで穂状に垂らす。
分布：県内：全域／
県外：北（南部）本、四、九
生育地：林縁
花期：3～4月
メモ：日本固有種
果実にはタンニンが多く含まれているので、ふし（五倍子、付子）の代用品として、黒色染料に用いられていた。昔、山村の女性が歯を染めるのに用いていたとのことです。

明神ヶ岳

メギ Berberis thunbergii
（目木）－メギ科、メギ属

樹高：1～2m
落葉低木。枝には顕著な縦溝と稜があり、鋭い刺がある。
葉：互生だが輪生状。倒卵形～楕円形。縁は全縁。
花：淡黄色。総状花序。花弁は6個で、下向きに咲く。
果実は楕円形の液果。
分布：県内：全域／県外：本（関東以西）、四、九
生育地：林縁、風衝地
花期：4～5月
メモ：『山野草百科』によると、枝や根から作った煎液が目の病に効くので古くから民間薬として用いられ、目木の名ともなった。

湯船山

クロモジ Lindera umbellata
（黒文字）－クスノキ科、クロモジ属

南山

樹高：2～6m。落葉低木。枝に黒斑があり、和名の由縁ともなる。全体に芳香があり楊枝に利用されている。
葉：互生。長楕円形。全縁で、先端は鈍く、基部はくさび形。
花：黄緑色。散形花序。花被片は6個。果実は球形の液果。
分布：県内：全域／県外：本、四、九／国外：中国
生育地：林内／花期：4月

黄色系

アブラチャン Lindera praecox
（油瀝青）－クスノキ科、クロモジ属

大山

樹高：3～6m。落葉低木。
葉：互生。卵状楕円形。全縁で、先端は尖る。両面無毛。
花：黄色。散形状につき、花被片は6個。花序の柄がやや長い。果実は球形の液果。
分布：県内：ほぼ全域／県外：本、四、九
生育地：林内
花期：3～4月

ダンコウバイ Lindera obtusiloba
（壇香梅）－クスノキ科、クロモジ属

明神ヶ岳

樹高：3～6m。落葉低木。
葉：互生。広卵形。
花：黄色。散形状。花被片は6個。花序に柄が無い。果実は球形の液果
分布：県内：相模川以西／県外：本、四、九／国外：朝鮮、中国
生育地：林内
花期：3～4月

樹木

サンショウ Zanthoxylum piperitum
（山椒）－ミカン科、サンショウ属

樹高：1～5m
落葉低木。雌雄異株。枝や葉柄の基部につく刺は対生。
葉：互生。奇数羽状複葉。卵状長楕円形。油点があり縁は波状の鋸歯。小葉は11～19個。
花：淡黄緑色。円錐花序。
分布：県内：全域／県外：北、本、四、九／国外：朝鮮
生育地：林内、林縁
花期：4～5月
メモ：良く似たイヌザンショウは刺が互生につき、葉がやや細い。

大倉尾根

ヤマブキ Kerria japonica
（山吹）－バラ科、ヤマブキ属

樹高：1～2m。落葉低木。
葉：互生。倒卵形～長卵形。縁に重鋸歯があり先端は鋭く尖る。
花：黄色。5弁花で花茎3～5cm。果実はそう果。
分布：県内：全域／県外：北、本、四、九／国外：中国
生育地：林内、林縁
花期：4～5月
メモ：六玉川（むたまがわ）のひとつ京都井出の玉川は昔からヤマブキの名所で有名。万葉集に数多く歌われています。どれも愛する人を思う心が伝わってきます。

西丹沢

黄色系

樹木

キバナウツギ Weigela maximowiczii
（黄花空木）－スイカズラ科、タニウツギ属

樹高：2mほど 落葉低木。
葉：対生。卵状長楕円形。両面有毛。花冠基部に苞葉が2個つく。
花：淡黄色。花冠の先は5裂し花柄はない。葯は互いにくっつく。蕾が緑色を帯びることもある。
分布：県内：丹沢／県外：本（中部、北部）
生育地：高所の林縁
花期：5〜6月
メモ：丹沢のブナと同じ様な場所に分布し、やや稀。

丹沢主脈

黄色系

ジャケツイバラ Caesalpinia decapetala var. japonica
（蛇結茨）－マメ科、ジャケツイバラ属

樹高：つる性の落葉木本。枝には鋭い刺がある。
葉：偶数2回羽状複葉。小葉は長楕円形で10対あり対生につく。
花：黄色。総状花序。5弁花で花茎は3cmほど。赤い雄しべが目立つ。
分布：県内：丹沢、箱根の山麓、三浦半島／県外：本（関東以西）、四、九／国外：中国、ヒマラヤ
生育地：林縁
花期：5〜6月
メモ：写真を撮るのに悪戦苦闘。傷だらけとなる。正に美しいものには刺があった。

西丹沢

樹木

ハコネグミ Elaegnus matsunoana
（箱根茱萸）－グミ科、グミ属

樹高：2〜3m。落葉低木。
葉：長楕円状披針形。長鋭尖頭。表面は淡黄褐色の星状毛を密生する。葉裏は銀色の鱗状毛。
花：ガク筒の長さは7〜8mm。先は4裂する。葉腋に1個下垂。
分布：県内：丹沢、箱根／県外：富士周辺
生育地：林内、林縁
花期：5〜6月

メモ：フォッサマグナ要素の植物

マメグミ Elaegnus montana
（豆茱萸）－グミ科、グミ属

樹高：2mほど。落葉低木。
葉：卵状楕円形。鋭尖頭。葉裏は銀色の鱗状毛が密生。縁は波打つ。
花：淡黄色。ガク筒は円筒形で、基部は急に狭くなる。葉腋に数個下垂。
分布：県内：丹沢、箱根／県外：本（関東以西）、四、九
生育地：林内、林縁
花期：6〜7月

シナノキ Tilia japonica
（科の木）－シナノキ科、シナノキ属

樹高：10～30m
落葉高木。樹皮は剥がれまだら模様となる。
葉：互生。歪んだ心円形。縁に鋸歯があり、先端は尖り、基部はハート型。
花：淡黄色。集散花序。花弁は5個で雄しべは多数。果実は球形の堅果。
分布：県内：丹沢、箱根／県外：北、本、四、九
生育地：林縁
花期：6～7月
メモ：日本固有種
アイヌ語シニペシによる－『木の名の由来』。

檜洞丸

黄色系

サクラガンピ Diplomorpha pauciflora
（桜雁皮）－ジンチョウゲ科、ガンピ属

樹高：1～3m。落葉低木。樹皮が桜に似る。
葉：互生。卵形。まばらに左右2列につく。
花：淡黄色。疎らな円錐形。管状の小花を数個付ける。
分布：県内：箱根／県外：本（伊豆）
生育地：岩場、林縁
花期：7～8月
メモ：別名ヒメガンピ
フォッサマグナ要素の植物。コガンピは葉がらせん状で淡紅色の花をつける。ガンピとともに古くから高級和紙（雁皮紙）原料として使われていた。サクラガンピは伊豆雁皮紙又は、修善寺和紙として知られている。

明神ヶ岳

樹木

フサザクラ Euptelea polyandra
（房桜）－フサザクラ科、フサザクラ属

赤～青系

大山

樹高：3～7m。落葉高木。ときに10mを超える。
葉：互生。広卵形～楕円形。縁は不ぞろいの鋸歯があり、先端は尾状に尖る。
花：暗紅色。花弁やガクは無く、8～18個の雄しべが垂れ下がる。赤い線形の葯が目立つ。
分布：県内：丹沢、箱根、小仏山地／
県外：本、四、九
生育地：沢沿い、崩壊地
花期：3～4月
メモ：日本固有種
花は葉が展開する前に咲く。

ヤブツバキ Camellia japonica
（藪椿）－ツバキ科、ツバキ属

仏果山

樹高：5～6m。常緑高木。
葉：互生。長楕円形。
花：朱色。鐘形。5弁花で花茎4～8cm。基部は合着し、雄しべは多数で筒状に合着。果実はさく果。
分布：県内：高地を除く全域／県外：本、四、九／
国外：台湾
生育地：林内
花期：12～3月
メモ：別名ヤマツバキ
一説に、ツバキにあたる朝鮮語の tonbaik が転訛して日本語のツバキになったものと考えている－『木の名の由来』。

樹木

アケビ Akebia quinata
(木通) －アケビ科、アケビ属

樹高：つる性木本
葉：掌状複葉。小葉は5個。
花：淡紫色。下垂する総状花序を伸ばし、基部近くに雌花を、先の方に小さな雄花を疎らにつける。
分布：県内：全域に普通／県外：本、四、九／国外：中国、朝鮮
生育地：林縁部
花期：4～5月
果期：9～10月
メモ：和名は実の形から、①開け実の意説、②開肉の意説、③開けつびからきた説、といろいろありましたが、転じてアケビになったようです。

ミツバアケビ Akebia trifoliata
(三葉木通) －アケビ科、アケビ属

樹高：つる性木本
葉：3出複葉。小葉は3個。
花：暗赤紫色。雌花はやや下垂する。雄花は雌花よりかなり小さく密につく。
分布：県内：全域に普通／県外：北、本、四、九／国外：中国
生育地：林縁部
花期：4～5月
果期：9～10月
メモ：果実は甘く食用となり、つるは民芸品の材料になる。果実がよく似た仲間に'ムベ'がある。果実は裂開せず、葉は5～7枚。

ヤマツツジ Rhododendron kaempferi
（山躑躅）－ツツジ科、ツツジ属

樹高：1～4m
半落葉低木。
葉：互生。楕円形～卵状楕円形。両面に褐色の毛がある。
花：朱赤色。花冠は5裂。花茎は4cmほど。雄しべは5個。花は枝先に2～3個つける。
分布：県内：ほぼ全域／県外：北、本、四、九
生育地：林内、岩場
花期：4～6月
メモ：春の山歩きの楽しみは、ヤマツツジから始まり、ミツバツツジ、トウゴクミツバツツジ、ゴヨウツツジと続く。

陣馬山

ミツバツツジ Rhododendron dilatatum
（三葉躑躅）－ツツジ科、ツツジ属

樹高：2～3m。落葉低木。
葉：枝先に3個輪生。菱形状広卵形。葉に腺点がある。葉柄は無毛。
花：紅紫色。花冠はろうと形で5深裂する。花茎4cmほど。雄しべは5個。雌しべは1個。花柄、子房に腺毛がある。花柱は無毛。果実はさく果。
分布：県内：丹沢、箱根、小仏山地／県外：本（関東～東海）、
生育地：林内、岩場
花期：4～5月
メモ：花は葉より先に開く。

箱根

赤～青系

樹木

トウゴクミツバツツジ Rhododendron wadanum
（東国三葉躑躅） －ツツジ科、ツツジ属

神山

樹高：2～3ｍ。落葉低木。
葉：輪生。広菱形。葉裏の中肋と葉柄は有毛。
花：紅紫色。花冠はろうと形で5深裂する。花茎4cmほど。雄しべは10個。雌しべは1個。花柄、子房に軟毛がある。花柱の中程まで腺毛がある。果実はさく果。
分布：県内：丹沢、箱根／県外：本（関東～中部）
生育地：林内
花期：4～6月
メモ：まず雄しべ10個を確認したら、花柄、子房、花柱の毛の有無を調べる。

サラサドウダン Enkianthus campanulatus
（更紗灯台）－ツツジ科、ドウダンツツジ属

樹高：3～6m
落葉低木。
葉：輪生状に見えるが互生。楕円形。葉は枝先に集まる。
花：淡紅白色。総状花序。鐘形で赤いすじが入る。花冠の先は5浅裂する。雌しべは花冠から出ない。
果実はさく果。
分布：県内：丹沢、箱根／県外：北（南部）、本（近畿以東）、四
生育地：林内
花期：6～7月
メモ：別名フウリンツツジ。シロバナフウリンツツジはサラサドウダンの白花品です。

丹沢山脈

シロバナフウリンツツジ form. albiflorus

神山

スノキ Vaccinium smalii var. glabrum
（酢の木）－ツツジ科、スノキ属

樹高：1～2m
落葉低木。
葉：互生。卵状楕円形。
縁に細鋸歯がある。
花：緑白色だが外側は赤みを帯びるか、赤いすじが入る。鐘形。花冠の直径は7mmほどで先端は5裂し反り返る。
果実は液果で黒く熟す。
分布：県内：丹沢、箱根／県外：本（関東、中部）、四
生育地：林内、林縁
花期：5～6月
メモ：葉や果実に酸味がある。

駒ケ岳

赤～青系

ヤブウツギ Weigela floribunda
（藪空木）－スイカズラ科、タニウツギ属

樹高：1～3m。落葉低木。
葉：対生。楕円形。両面ともに有毛。
葉柄は短く5mmほど。
花：濃紅色。花冠は漏斗状で先は5裂。外面に毛が多い。果実は円筒状のさく果。
分布：県内：県西部の山梨県側に多い／県外：本（東京以西の太平洋側）、四
生育地：林縁
花期：5～6月
メモ：別名ケウツギ
ニシキウツギとよく似ていますが、ヤブウツギの花は咲き始めから濃紅色をしており、又葉柄がとても短い。

西丹沢・明神山

樹木

ウグイスカグラ Lonicera gracilipes var. glabra
（鶯神楽）－スイカズラ科、スイカズラ属

樹高：2ｍほど。落葉低木。
葉：対生。広楕円形。
花：淡紅色。細いロート状の花を1～2個下向きにつける。果実は楕円形の液果。
分布：県内：丹沢、箱根の高所を除き広く分布／県外：北、本、四
生育地：日当たりの良い草地
花期：4～5月
メモ：日本固有種

南山

コウグイスカグラ Lonicera ramosissima
（小鶯神楽）－スイカズラ科、スイカズラ属

樹高：1～2ｍ。落葉低木。
葉：対生。長さ2㎝以下で、両面有毛。
花：淡黄白色。花柄の先に2個下向きにつく。果実は赤く熟し合着してひょうたん状。
分布：県内：丹沢、箱根／県外：本（宮城以南）、四
生育地：風衝低木林
花期：4～5月

不動ノ峰

スイカズラ Lonicera japonica
（吸葛、忍冬）－スイカズラ科、スイカズラ属

樹高：半落葉性のつる性木本。
葉：対生。長楕円形。
花：白～淡紅色～黄色。枝先の葉腋に2個ずつつける。果実は液果で熟すと黒くなる。
分布：県内：全域／県外：北、本、四、九／
生育地：湿地
花期：5～6月
メモ：別名ニンドウ

西丹沢

赤～青系

樹木

ニシキウツギ Weigela decora
（二色空木）－スイカズラ科、タニウツギ属

金時山

樹高：2〜5m
落葉小高木。
葉：対生。楕円形。葉裏の主脈上に毛が密生する。
花：やや黄色っぽい白からだんだんと紅色に変わる。ろうと形。筒部は次第に太くなる。果実は袋果。
分布：県内：丹沢、箱根／県外：本（宮城以南の太平洋側）、四、九
生育地：林縁
花期：5〜6月
メモ：白色から赤く変わることから、友人にニシキウツギというあだ名を付けたことがある。本人は喜んでくれたが、分ってくれたのだろうか。

赤〜青系

ハコネウツギ Weigela coraeensis
（箱根空木）－スイカズラ科、タニウツギ属

大山

樹高：2〜4m
落葉小高木。
葉：対生。楕円形〜広卵形。葉裏は無毛かまたは疎ら。
花：白色から紅色に変わる。ろうと形。筒部は急に太くなる。果実は袋果。
分布：県内：全域（植栽含む）／県外：関東南部〜東海地方の沿岸部
生育地：林縁
花期：5〜6月
メモ：日本固有種
フォッサマグナ要素の植物。箱根や丹沢の山地ではニシキウツギとの交雑が多くなっているそうです。

樹木

クサボケ Chaenomeles japonica
（草木瓜）－バラ科、ボケ属

樹高：0.3〜1m
落葉小低木
葉：互生。倒卵形。葉先は尖らない。
花：朱赤色。5弁花。花柄は無毛。葉腋に数個束生する。果実は球形で黄色く熟す。
分布：県内：全域／県外：本、四、九
生育地：林縁、草地
花期：4〜5月
メモ：別名シドミ（樝、樝子）。日本固有種 中国原産のボケ（別名カラボケ）の花に似るが、葉先は鋭頭で、果実は楕円形。園芸種が多い。

南山

ナワシロイチゴ Rubus parvifolius
（苗代苺）－バラ科、キイチゴ属

樹高：0.3mほど
落葉小低木。
葉：倒卵形。
花：淡紅色。総状または散房状。ガク片は開花期に反り返り、背面に刺がある。小花柄は長く上へ向かう。
分布：県内：全域／県外：北、本、四、九／国外：朝鮮、中国、ベトナム
生育地：林縁、草地
花期：5〜6月
メモ：丹沢周辺に多いエビガライチゴは茎、葉柄、花序、小花柄、ガクに紅色の腺毛を密生する。

丹沢・三国山

シモツケ Spiraea japonica
（下野）－バラ科、シモツケ属

樹高：0.2～1m
落葉小低木。
葉：互生。長楕円形。縁は重鋸歯で先は尖る。
花：淡紅色。複散房花序。5弁花。雄しべは多数で外に突き出る。果実は袋果。
分布：県内：全域／県外：本、四、九／国外：朝鮮、中国
生育地：岩石地
花期：6～8月

赤～青系

メモ：シモツケは、旧下野国（現栃木県）で見つかり付けられた名といいますが、国名をそのまま和名としているのは珍しいですね。

フジ Wisteria floribunda
（藤）－マメ科、フジ属

樹高：つる性の落葉木本。つるは時計回りで、若いときは有毛。
葉：互生。奇数羽状複葉。小葉は長楕円形。縁は全縁で先は細く尖り5～9対。
花：紫色。総状花序を下垂する。蝶形花。
分布：県内：全域／県外：本、四、九／
生育地：林縁、林内
花期：5～6月
メモ：別名ノダフジ
日本固有種。
藤波の（は）～で始まる歌とその他を含め万葉集には二十五首も歌われている。

樹木

キハギ Lespedeza buergeri
（木萩）－マメ科、ハギ属

金時山

樹高：2～3m。落葉低木。
葉：互生。3出複葉。長卵形。小葉は先端が尖り、葉裏に伏毛が生える。
花：淡黄色～淡紫色。蝶形花。旗弁に紫斑がはいる。
分布：県内：丹沢、箱根、三浦／県外：本、四、九／国外：朝鮮、中国
生育地：林縁、崖地
花期：6～9月

マルバハギ Lespedeza cyrtobotrya
（丸葉萩）－マメ科、ハギ属

陣馬山

樹高：1～2m。落葉小低木。
葉：互生。3出複葉。倒卵形～楕円形。小葉は全縁で先端は丸く少し凹む。葉裏に伏毛が生える。
花：紅紫色。総状花序。花序は葉より短い。果実は豆果。
分布：県内：全域／県外：本、四、九／国外：朝鮮、中国
生育地：日当たりの良い林縁
花期：8～10月

ヤマハギ Lespedeza bicolor
（山萩）－マメ科、ハギ属

西丹沢

樹高：1～2m。落葉小低木。
葉：互生。3出複葉。広楕円形。小葉は全縁で先端は丸い。葉裏に伏毛が生える。
花：紅紫色。総状花序。花序は葉より長い。果実は卵形の豆果。
分布：県内：疎らに全域／県外：北、本、四、九／国外：朝鮮、中国、ウスリー
生育地：日当たりの良い林縁
花期：7～9月

ムラサキシキブ Callicarpa japonica
（紫式部）－クマツヅラ科、ムラサキシキブ属

樹高：2〜3m。落葉低木。
葉：対生。長楕円形。縁に細鋸歯があり、先端は尾状に尖る。ほぼ無毛。
花：淡紅紫色。集散花序は葉の付け根から出る。花冠上部は4裂し、雄しべは花冠より出る。
分布：県内：全域／県外：北、本、四、九／国外：朝鮮、中国
生育地：林内、林縁
花期：6〜8月
メモ：ヤブムラサキは全体に星状毛が多い。

赤〜青系

西丹沢

コアカソ Boehmeria spicata
（小赤麻）－イラクサ科、ヤブマオ属

高さ：0.5〜3m
落葉低木。茎は木質化し、赤みを帯びる。
葉：対生。菱形卵形。先は尾状に尖る。鋸歯は片側10以下。
花：赤色。花序は穂状。果実は痩果。
分布：県内：全域／県外：本、四、九／国外：中国、朝鮮、
生育地：林縁
花期：8〜10月
メモ：よく似たクサコアカソは茎が木質化しない。

金時山

樹木

ヤマハンノキ Alnus hirsuta
（山榛の木）－カバノキ科、ハンノキ属

樹高：10〜20m
雌雄同株の落葉高木。
葉：互生。広卵形。縁に欠刻状の重鋸歯がある。葉裏が無毛のもの（ヤマハンノキ）と、軟毛が密生するもの（ケヤマハンノキ）がある。
花：雄花序は褐色で尾状。雌花序は雄花序の下につき、3〜6個が総状に出る。果実は倒卵形の堅果。
分布：県内：三浦半島を除き広く分布／県外：北、本、四、九／国外：朝鮮、サハリン、カムチャッカ、東シベリア
生育地：二次林
花期：3〜4月

大山

ツノハシバミ Corylus sieboldiana
（角榛）－カバノキ科、ハシバミ属

樹高：4〜5m
雌雄同株の落葉低木。
葉：互生。倒卵形。縁に不ぞろいの重鋸歯がある。
花：雄花序は褐色で尾状。雌花序は雄花序の上につき、赤色の柱頭が目につく。果実は先が嘴状した堅果。
分布：県内：丹沢、箱根、小仏山地／県外：北、本、四、九／国外：朝鮮
生育地：林縁
花期：3〜5月
メモ：ハシバミは雌花（赤色）が雄花序の下につく。ハシバミ、ツノハシバミともに果実は食用になる。

ヤビツ

茶・その他

樹木

オオバヤシャブシ Alnus sieboldiana
（大葉夜叉五倍子） －カバノキ科、ハンノキ属

樹高：5～10m
雌雄同株の落葉小高木。
葉：互生。三角状卵形。先はとがり縁に鋭い鋸歯があり、無毛。
花：雌花は赤褐色で上を向き、黄緑色の雄花序より上につく。雄花は垂れ下がる。果実は堅果。
分布：県内：ブナ帯を除く全域／県外：本（福島以南～紀伊半島の太平洋側）、伊豆諸島
生育地：林内
花期：3～4月
メモ：日本固有種

ヤシャブシ Alnus firma
（夜叉五倍子） －カバノキ科、ハンノキ属

樹高：8～15m
雌雄同株の落葉小高木。
葉：互生。狭卵形。
花：雌花序は雄花序の下につく。果実は堅果。
分布：県内：丹沢、箱根／県外：本（福島以南～紀伊半島の太平洋側）、四、九
生育地：林内
花期：3～4月
メモ：日本固有種
'～夜叉ではなくヤシホであって、ヤシホブシが転訛してヤシャブシになったものと思われる' －『植物名の由来』。ヤシホ（八入）は染汁に浸す回数－『広辞苑』で、良く染まること。

ミズナラ Quercus crispula
（水楢）－ブナ科、コナラ属

樹高：25m まで。落葉高木。雌雄同株。樹皮は暗褐色で深く縦に裂ける。
葉：互生。倒卵状長楕円形。鋸歯は3角状。葉柄は極短く、先端は急に尖る。
花：黄緑色。雄花序は下垂。果実は楕円状の堅果。
分布：県内：丹沢、箱根、小仏山地／
県外：北、本、四、九／
国外：朝鮮、中国、ウスリー、
生育地：林縁、林内
花期：5～6月
メモ：コナラの葉とよく似ていますがコナラの葉柄は長い。

鐘ヶ岳

サワグルミ Pterocarya rhoifolia
（沢胡桃）－クルミ科、サワグルミ属

樹高：10～20m
落葉高木。雌雄同株。
葉：互生。奇数羽状複葉。小葉は9～21個。側小葉は長楕円形で鋭尖頭。縁に細鋸歯がある。
花：緑色。新枝の枝先に雌花序を、付け根の葉腋に雄花序を下垂する。果実は翼のある堅果。
分布：県内；丹沢／県外；北、本、四、九
生育地：渓谷、谷間
花期：5～7月
メモ：オニグルミは葉裏に星状毛が密生し、果実は核果。

丹沢主稜

イタヤカエデ Acer pictum
（板屋楓） －カエデ科、カエデ属

　狭義にはエンコウカエデを指す－『朝日百科』、又、『神植誌2001』では、葉の切れ込みの浅いものをイタヤカエデ、深いものをエンコウカエデとして区別する見解もあるが、変異は連続的で、又若い木程切れ込みが深い傾向があり、分布域も同じなので区別の必要は無い、とあり、更に、広義のイタヤカエデは、葉形と葉の毛の状態によって、7ないし8亜種に分類され、県内には4種ある、と解説されています。丹沢や箱根で見た4種の中では、イトマキイタヤが一番標高の高い場所に自生しています。その下にオニイタヤという傾向があります。

カエデ

エンコウカエデ
県全域に分布。
葉は5つに中～深裂し、
葉裏の脈状の基部のみ有毛。

ウラゲエンコウカエデ
分布は狭いが、全域。
葉は5つに中～深裂し、
葉裏の脈上は有毛。

オニイタヤ
丹沢、箱根、小仏山地に多い。
葉は7～9に浅裂し、
葉裏全体に毛がある。

イトマキイタヤ
丹沢に多く分布。
葉は7～9に浅裂し、
葉裏の基部のみ有毛。

エンコウカエデ Acer pictum ssp. dissectum
（袁猴槭）－カエデ科、カエデ属

西丹沢

樹高：20mほど。雌雄同株の落葉高木。樹皮は灰色。
葉：掌状に5～（7）裂。若い葉は基部近くまで深裂する。葉裏の脈状の基部のみ有毛。
花：黄色。若枝の先に散房状に花をつける。花弁とガク片は共に5個。翼果は鋭角。
分布：県内：疎らに全域／県外：本（冥北以南の太平洋側）、四、九
生育地：落葉広葉樹林内
花期：4～5月
黄葉：10～11月

メモ：和名の「袁猴楓」は深く切れ込んだ葉の姿が猿の手に似ることからついたと言います。切れ込みの深さは1つの樹でも、浅いものから深いものまで様々でした。ウラゲエンコウカエデは葉裏の脈上も有毛。

カエデの和名について

俗にカエデに楓の字を当てるが、これはマンサク科のフウに当たるもので、正しい漢名は槭である－『木の名の由来』。ちなみに『広辞苑』でカエデの字を見ると、槭樹、楓とある。図鑑などではマンサク科のフウやモミジバフウもカエデ科も共に楓を当てているものが多い。『新漢和辞典』（大修館）で楓を見ると、マンサク科の落葉喬木。中国原産で、高さ約十メートル。葉はカエデの葉に似て、秋に紅葉する、と書かれ別種のものとしている。尚、マンサク科の葉のつき方は互生で、果実は丸い集合果。
本書ではどちらの字を使うか迷いましたが、漢名できちんと使い分けされているので、槭の字を当てることにしました。

イトマキイタヤ Acer pictum ssp. savatieri
（糸巻板屋）－カエデ科、カエデ属

神奈川県の最高峰・蛭ヶ岳の山頂にイトマキイタヤの大木がある。春が来ると、淡黄色の花をいっぱいつけ、大樹に命が溢れます。秋になると、富士山をバックに見事な紅葉を見せてくれます。すぐ傍にはナナカマドの大木もあり、黄葉と紅葉の競演は見事です。

樹高：15〜20m。雌雄同株の落葉高木。樹皮は灰色。
葉：掌状に7〜9に浅裂し、大型で全縁。葉裏はほぼ無毛で、葉脈の基部や葉柄の上部に褐色を帯びた毛が密生する。
花：淡黄色。若枝の先に散房状に花をつける。花弁とガク片はともに5個。翼果は鈍角。
分布：県内：丹沢／県外：本（関東、中部地方）、四、九
生育地：山地の高所
花期：5月／紅葉期：10〜11月
メモ：別名：モトゲイタヤ。日本固有種。
イトマキイタヤのイトマキ（糸巻）は浅裂の葉の形が糸巻きに似る事による。
オニイタヤ Acer pictum ssp. pictum は葉の裏面全体に立毛がある。

イロハモミジ Acer palmatum
（伊呂波紅葉） －カエデ科、カエデ属

樹高：10～15m。雌雄同株の落葉高木。樹皮は灰褐色。
葉：対生。掌状に5～7裂し縁は重鋸歯。葉裏の基部を除き無毛。
花：暗赤色。本年枝の先に複散房花序を出し、雄花と両性花をつける。果実は翼果で鈍角に開く。
分布：県内：全域／県外：本（福島県以西）、四、九／国外：中国、朝鮮
生育地：日のあたる湿地。
花期：4～5月／紅葉：10～1月
メモ：別名タカオモミジ

オオモミジ Acer amoenum
（大紅葉） －カエデ科、カエデ属

樹高：10～15m。雌雄同株の落葉高木。樹皮は灰褐色。
葉：対生。掌状に7～9裂し縁は単鋸歯。無毛。
花：暗赤色。本年枝の先に複散房花序を出し、雄花と両性花をつける。果実は翼果で鈍角に開く。
分布：県内：丹沢、箱根、小仏山地、他／県外：北、本（東北～北陸の日本海側を除く）、四、九
生育地：日のあたる湿地。
花期：4～5月／紅葉：10～11月
メモ：日本固有種

ウリハダカエデ Acer rufinerve
（瓜膚楓）－カエデ科、カエデ属

明神峠

樹高：10〜15m。雌雄異株の落葉高木。樹皮は暗緑色でウリ肌状。和名の由来ともなっている。
葉：対生。扇状五角形で浅く3〜5裂し、縁は重鋸歯。葉裏の脈の付け根に毛が生える。
花：淡黄緑色。総状花序。果実は翼果で鈍角
分布：県内：丹沢、箱根、小仏山地／県外：本、四、九
生育地：落葉広葉樹林内
花期：4〜5月／紅葉：10〜11月

カエデ

ホソエカエデ Acer capillipes
（細柄楓）－カエデ科、カエデ属

檜洞丸

樹高：10〜15m。雌雄異株の落葉高木。樹皮は暗緑色
葉：対生。卵形〜広卵形。浅く3〜5裂し、縁は重鋸歯。葉裏の脈の付け根に水かき状の膜がある。柄は細く赤みを帯びる。
花：淡緑色。総状花序。果実は翼果で鈍角。
分布：県内：丹沢、箱根／県外：本（関東〜中部）、近畿、四
生育地：落葉広葉樹林内
花期：5〜6月／紅葉：10〜11月

樹木

コミネカエデ Acer micranthum
（小峰楓） －カエデ科、カエデ属

春の丹沢では気づかなくても、秋になると、いやでも目につくのがこのコミネカエデの紅葉だ。青空をバックに透き通るような深紅の紅葉は、葉の特徴と共に一度見ると忘れられない。

樹高：6〜8m。雌雄異株の落葉小高木。
葉：長い柄があり掌状に5深裂し、3裂片の先は尾状に尖り、中央の裂片が長い。
花：淡緑色。長さ4〜7cmの総状花序に、20〜30の花をつける。花の径は4mmほど。紅葉は朱赤。翼果は水平。
分布：県内：丹沢、箱根／県外：本、四、九
生育地：ブナ林内
花期：5〜6月／紅葉期：10〜11月
メモ：日本固有種。
より高い所に生育するミネカエデに比べ、花や果実が小さく、温度差で住み分けている－『植物の世界』。

アサノハカエデ Acer argutum
（麻の葉楓）－カエデ科、カエデ属

樹高：7～10m。雌雄異株の落葉小高木。
葉：対生。掌状に5～7中裂し、縁は重鋸歯。葉裏に白毛があり、脈が浮き出る。
花：淡黄緑色。総状花序。花序は有毛。翼果は水平。
分布：県内：丹沢、小仏山地／県外：本（東北南部以西）、四
生育地：落葉広葉樹林内
花期：5～6月／紅葉：9～11月
メモ：葉脈の走り方がアサ（麻）の葉に似ていることから－『植物の世界』。

丹沢主脈

カジカエデ Acer diabolicum
（梶楓）－カエデ科、カエデ属

樹高：10～20m。雌雄異株の落葉高木。
葉：対生。大型の5角形で掌状に5以上に裂ける。縁に粗い鋸歯がある。
花：紅褐色。散房花序。花序は有毛。翼果はほぼ水平に開く。
分布：県内：丹沢、箱根、小仏山地／県外：本（宮城県以南）、四、九
生育地：落葉広葉樹林内
花期：4～5月／紅葉：10～11月
メモ：別名オニモミジ

丹沢・三国山

カエデ

樹木

ウリカエデ Acer crataegifolium
(瓜楓) －カエデ科、カエデ属

樹高：6～8m。雌雄異株の落葉小高木。樹皮は暗緑色
葉：対生。小型の卵形で、浅く3裂、時に5裂するものもある。縁には細かい鋸歯がある。
花：淡黄緑色。総状花序。翼果はほぼ水平。
分布：県内：丹沢、箱根小仏山地／県外：本（東北南部以西）、四、九
生育地：落葉広葉樹林内
花期：4～5月／紅葉：10～11月
メモ：和名は木肌が瓜に似ることから。

オオイタヤメイゲツ Acer shirasawanum
(大板屋名月) －カエデ科、カエデ属

樹高：10～15m。雌雄同株の落葉高木。樹皮は灰褐色。
葉：対生。大型の掌状で、9～11に中裂し、縁は細かい重鋸歯。葉柄は無毛。脈腋以外はほぼ無毛。
花：淡黄色。複散房花序。花序は無毛。翼果は水平。
分布：県内：丹沢、箱根／県外：本（東北南部以西）、四
生育地：落葉広葉樹林内
花期：5～6月／紅葉：10～11月
メモ：日本固有種。ヒナウチハカエデの葉はより小型で葉裏脈上は有毛。

ハウチワカエデ Acer japonicum
（羽団扇楓）－カエデ科、カエデ属

樹高：10～15m。雌雄同株の落葉高木。樹皮は青みを帯びた灰色。
葉：対生。大型の掌状で、9～11深裂し、縁は重鋸歯が混じる。葉柄の長さは葉身の半長以下で、白毛が密生する。
花：暗紫紅色。散房花序。花序は有毛。翼果は鈍角。
分布：県内：丹沢／県外：北、本
生育地：落葉広葉樹林内
花期：5～6月／紅葉：10～11月
メモ：日本固有種

コハウチワカエデ Acer sieboldianum
（小羽団扇楓）－カエデ科、カエデ属

樹高：10～15m
雌雄同株の落葉高木。
葉：対生。ハウチワカエデより小型で、7～11に中裂し、縁に細かい鋸歯がある。葉柄の長さは葉身の半長より長い。葉裏と葉柄は有毛。
花：淡黄色。散房花序。花序は有毛。翼果はほぼ水平。
分布：県内：丹沢、箱根、小仏山地／県外：本、四、九
生育地：落葉広葉樹林内
花期：5～6月／紅葉：10～11月
メモ：別名イタヤメイゲツ

和名索引

ア アオイスミレ 91 春
アオキ 240 樹木
アオホオズキ 107 夏
アオヤギソウ 143 夏
アカショウマ 114 夏
アカネ 106 夏
アカネスミレ 96 春
アカバナ 135 夏
アカバナ－
　ヒメイワカガミ 67 春
アカマンマ 136 夏
アカメガシワ 175 秋
アキカラマツ 161 秋
アキギリ 186 秋
アキチョウジ 196 秋
アキノキリンソウ 179 秋
アキノタムラソウ 196 秋
アケビ 253 樹木
アケボノスミレ 95 春
アケボノソウ 168 秋
アサノハカエデ 273 樹木
アシタカマツムシソウ 192 秋
アズマイバラ 221 樹木
アズマヤマアザミ 199 秋
アセビ 224 樹木
アブラチャン 247 樹木
アマドコロ 43 春
アライトツメクサ 28 春
アリドオシ 120 春
アリドオシラン 120 夏

イ イイヌマムカゴ 123 夏
イガホオズキ 107 夏
イケマ 108 夏
イタドリ 124 夏
イタヤカエデ 267 樹木
イタヤメイゲツ 275 樹木
イチヤクソウ 97 夏
イチリンソウ 17 春
イトマキイタヤ 267,269 樹木
イナモリソウ 37 春

イヌゴマ 139 夏
イヌザンショウ 248 樹木
イヌショウマ 160 秋
イヌタデ 136 夏
イヌトウバナ 197 秋
イヌノフグリ 76 春
イヌヤマハッカ 194 秋
イロハモミジ 270 樹木
イワアカバナ 135 夏
イワガラミ 236 樹木
イワギボウシ 144 夏
イワキンバイ 130 夏
イワシャジン 152 夏
イワセントウソウ 33 春
イワタバコ 148 夏
イワナンテン 227 樹木
イワニガナ 60 春
イワニンジン 113 夏
イワネコノメソウ 54 春
イワボタン 54 春

ウ ウグイスカグラ 258 樹木
ウシコロシ 224 樹木
ウシノヒタイ 210 秋
ウスギオウレン 15 春
ウスバサイシン 84 春
ウスバヤブマメ 206 秋
ウスユキソウ 110 夏
ウチョウラン 153 夏
ウツギ 235 樹木
ウツボグサ 139 夏
ウノハナ 235 樹木
ウバユリ 118 夏
ウマノアシガタ 55 春
ウメバチソウ 162 秋
ウラゲ－
　エンコウカエデ 267,268 樹木
ウラジロナナカマド 223 樹木
ウラハグサ 212 秋
ウリカエデ 274 樹木
ウリノキ 242 樹木

	ウリハダカエデ 271 樹木		オキナグサ 69 春
	ウワバミソウ 32 春		オギョウ 59 春
	ウワミズザクラ 217 樹木		オククルマムグラ 104 夏
エ	エイザンスミレ 94 春		オクモミジハグマ 172 秋
	エゴノキ 241 樹木		オグルマ 179 秋
	エゾタンポポ 58 春		オタカラコウ 128 夏
	エゾノタチツボスミレ 90 春		オトギリソウ 184 秋
	エビガライチゴ 260 樹木		オトコエシ 161 秋
	エビネ 47 春		オトメアオイ 86 春
	エンコウカエデ 267,268 樹木		オトメスミレ(6) 89 春
	エンシュウニシキソウ 71 春		オドリコソウ 72 春
	エンレイソウ 64 春		オニイタヤ 267,269 樹木
オ	オウギカズラ 70 春		オニグルミ 266 樹木
	オオアワダチソウ 179 秋		オニシバリ 245 樹木
	オオイタヤメイゲツ 274 樹木		オニタビラコ 59 春
	オオイヌノフグリ 76 春		オニノヤガラ 154 夏
	オオカメノキ 230 樹木		オニモミジ 273 樹木
	オオガンクビソウ 180 秋		オニユリ 146 夏
	オオキヌタソウ 106 夏		オノエラン 121 夏
	オオジシバリ 60 春		オミナエシ 187 秋
	オオジンヨウ－		オヤマボクチ 201 秋
	イチヤクソウ 97 夏		オランダミミナグサ 27 春
	オオツクバネウツギ 229 樹木	カ	カキドオシ 74 春
	オオナンバンギセル 149 夏		カキラン 132 夏
	オオヌマハリイ 211 秋		ガクウツギ 238 樹木
	オオバイケイソウ 118 夏		カコソウ 139 夏
	オオバウマノスズクサ 62 春		カジカエデ 273 樹木
	オオバギボウシ 144 夏		カシワ 175 秋
	オオバコ 41 春		カシワバハグマ 175 秋
	オオバジャノヒゲ 145 夏		カセンソウ 179 秋
	オオバタネツケバナ 22 春		カタクリ 63 春
	オオバナ－		カテンソウ 31 春
	オオヤマサギソウ 122 夏		カナウツギ 222 樹木
	オオバヤシャブシ 265 樹木		カノコソウ 35 春
	オオフジイバラ 221 樹木		ガマズミ 231 樹木
	オオミゾソバ 210 秋		カマツカ 224 樹木
	オオミヤガマズミ 231 樹木		カメバヒキオコシ 194 秋
	オオモミジ 270 樹木		カラスノエンドウ 74 春
	オオモミジガサ 182 秋		カラボケ 260 樹木
	オオヤマサギソウ 122 夏		カワラマツバ 102 夏
	オカスミレ 96 春		カンアオイ 85 春
	オカタツナミソウ 73 春		ガンクビソウ 181 秋
	オカトラノオ 101 夏		カンサイマユミ 234 樹木

- 277 -

カントウカンアオイ 85 春	クサボタン 189 秋
カントウタンポポ 58 春	クサレダマ 129 夏
カントウマムシグサ 83 春	クマノミズキ 239 樹木
カントウマユミ 234 樹木	クモキリソウ 123 夏
カントウミヤマカタバミ 31 春	クルマバツクバネソウ 44 春
カントウヨメナ 176 秋	クルマバナ 195 秋
キ キイチゴ 217 樹木	クルマムグラ 104 夏
キオン 127 夏	クルマユリ 142 夏
キクザキイチゲ 14 春	クローバ 41 春
キクザキイチリンソウ 14 春	クロテンコオトギリ 184 秋
キケマン 56 春	クロモジ 247 樹木
キジムシロ 51 春	クワガタソウ 39 春
キセルアザミ 200 秋	ケ ケイワタバコ 148 夏
キッコウハグマ 172 秋	ケウツギ 257 樹木
キツネノカミソリ 210 秋	ケゴンアカバナ 135 夏
キツネノマゴ 197 秋	ケチヂミザサ 212 秋
キツリフネ 132 夏	ケナシチャンパギク 109 夏
キヌタソウ 105 夏	ケマルバスミレ 92 春
キハギ 262 樹木	ケヤマハンノキ 264 樹木
キバナアキギリ 186 秋	ゲンノショウコ 164 秋
キバナウツギ 249 樹木	コ コアカソ 263 樹木
キバナガンクビソウ 181 秋	コアジサイ 237 樹木
キバナカワラマツバ 102 夏	コイワザクラ 68 春
キバナノショウキラン 154 夏	コウグイスカグラ 258 樹木
キブシ 246 樹木	コウゾリナ 128 夏
キュウリグサ 76 春	コウメバチソウ 162 秋
キヨスミウツボ 117 夏	コウモリソウ 111 夏
キランソウ 71 春	コウヤボウキ 174 秋
キリンソウ 179 秋	コオニユリ 146 夏
キントキヒゴタイ 202 秋	ゴカヨウオウレン 15 春
ギンバイソウ 117 夏	コガンピ 251 樹木
キンポウゲ 55 春	コクサギ 214 樹木
キンミズヒキ 185 秋	コケリンドウ 65 春
キンラン 61 春	コゴメウツギ 222 樹木
ギンラン 48 春	コタヌキラン 155 夏
ギンリョウソウ 49 春	コチヂミザサ 212 秋
キンレイカ 129 夏	コツブヌマハリイ 211 秋
ク クガイソウ 147 夏	ゴトウヅル 236 樹木
クサアジサイ 116 夏	コナスビ 61 春
クサイチゴ 219 樹木	コナラ 266 樹木
クサコアカソ 263 樹木	コハウチワカエデ 275 樹木
クサノオウ 56 春	コバギボウシ 144 夏
クサボケ 260 樹木	コバノガマズミ 231 樹木

- 278 -

コフウロ　165　秋
コブシ　213　樹木
コボタンヅル　159　秋
コマツナギ　138　夏
コマユミ　234　樹木
コミネカエデ　272　樹木
コミヤマカタバミ　30　春
コヤブタバコ　180　秋
ゴヨウツツジ　225　樹木
コンテリギ　238　樹木

サ　サカネラン　79　春
サガミジョウロウホトトギス　133　夏
サクラガンピ　251　樹木
ササバギンラン　48　春
サビタ　237　樹木
サラサドウダン　256　樹木
サラシナショウマ　160　秋
サルトリイバラ　215　樹木
サルナシ　243　樹木
サワアジサイ　237　樹木
サワギキョウ　150　夏
サワギク　127　夏
サワグルミ　266　樹木
サワハコベ　99　夏
サンショウ　248　樹木
サンショウバラ　220　樹木
サンリンソウ　17　春

シ　ジイソブ　204　秋
シオガマギク　193　秋
シキミ　215　樹木
シコクスミレ　92　春
ジゴクノカマノフタ　71　春
シコクハタザオ　24　春
シシウド　113　夏
ジシバリ　60　春
シドミ　260　樹木
シナノキ　251　樹木
シモツケ　261　樹木
シモツケソウ　137　夏
シモバシラ　170　秋
ジャケツイバラ　249　樹木
ジャノヒゲ　145　夏

ジュウニヒトエ　70　春
シュロソウ　143　夏
シュンラン　47　春
シラネセンキュウ　113　夏
シラヒゲソウ　162　秋
シラヤマギク　177　秋
シロカネソウ　19　春
シロツメクサ　41　春
シロテンマ　154　夏
シロバナナイナモリソウ　37　春
シロバナエンレイソウ　45　春
シロバナショウジョウバカマ　42　春
シロバナタチツボスミレ(7)　89　春
シロバナノヘビイチゴ　34　春
シロバナハンショウヅル　18　春
シロバナフウリンツツジ　256　樹木
ジロボウエンゴサク　66　春
シロヤシオ　225　樹木
シロヨメナ　178　秋

ス　スイカズラ　258　樹木
スズムシソウ　78　春
ズソウカンアオイ　86　春
スノキ　257　樹木
スミレ　87　春
スミレサイシン　95　春
スルガジョウロウホトトギス　133　夏

セ　セイタカアワダチソウ　179　秋
セイヨウタンポポ　58　春
セイヨウミヤコグサ　53　春
セキヤノアキチョウジ　196　秋
センゴクヒゴタイ　202　秋
セントウソウ　34　春
センニンソウ　159　秋
センブリ　168　秋
センボンヤリ　26　春

ソ　ソナレマツムシソウ　192　秋
ソバナ　205　秋

タ　タイアザミ　200　秋
ダイコンソウ　131　夏

ダイモンジソウ　163　秋
タカオヒゴダイ　202　秋
タカオモミジ　270　樹木
タカトウダイ　80　春
タカネナナカマド　223　樹木
タカネマツムシソウ　192　春
タケニグサ　109　夏
タチイヌノフグリ　76　春
タチキランソウ　71　春
タチツボスミレ⑴　87　春
タチツボスミレ⑵〜⑸　88　春
タチフウロ　189　秋
タツナミソウ　73　春
タテヤマギク　177　秋
タニギキョウ　38　春
タニタデ　136　夏
タネツケバナ　22　春
タビラコ　76　春
タマアジサイ　238　樹木
タマガワホトトギス　133　夏
タマムラサキ　209　秋
タムラソウ　201　秋
ダンコウバイ　247　樹木
タンザワイケマ　108　夏
タンザワウマノスズクサ　62　春
タンザワヒゴタイ　202　秋
ダンドボロギク　203　秋

チ　チゴユリ　43　春
チダケサシ　115　夏
チヂミザサ　212　秋
チャボチヂミザサ　212　秋
チャンパギク　109　夏
チョウセンキンミズヒキ　185　秋

ツ　ツクシショウジョウバカマ　42　春
ツクバキンモンソウ　71　春
ツクバネウツギ　228　樹木
ツクバネソウ　44　春
ツチアケビ　79　春
ツチグリ　52　春
ツノハシバミ　264　樹木
ツボスミレ　93　春

ツユクサ　141　夏
ツリガネニンジン　205　秋
ツリバナ　233　樹木
ツリフネソウ　138　夏
ツルアジサイ　236　樹木
ツルアリドオシ　103　夏
ツルカノコソウ　35　春
ツルキジムシロ　50　春
ツルキンバイ　52　春
ツルシキミ　214　樹木
ツルシロカネソウ　19　春
ツルニンジン　204　秋
ツルボ　209　秋
ツルミヤマシキミ　214　樹木
ツルリンドウ　191　秋

テ　テイカカズラ　242　樹木
テバコモミジガサ　173　秋
テリハノイバラ　221　樹木
テンニンソウ　186　秋

ト　トウオオバコ　41　春
トウカイスミレ　91　春
トウゴクサバノオ　19　春
トウゴクミツバツツジ　255　樹木
トウダイグサ　80　春
トキソウ　77　春
ドクダミ　35　春
トチバニンジン　119　夏
トネアザミ　200　秋
トモエシオガマ　193　秋
トリアシショウマ　114　夏
トリガタハンショウヅル　18　春
トンボソウ　123　夏

ナ　ナガサキオトギリ　183　秋
ナガバノコウヤボウキ　174　秋
ナガバノスミレサイシン　95　春
ナガバハエドクソウ　109　夏
ナガボハナタデ　136　春
ナギナタコウジュ　195　秋
ナツツバキ　244　樹木
ナツトウダイ　80　春
ナツノタムラソウ　140　夏
ナツボウズ　245　樹木
ナナカマド　223　樹木

	ナベワリ 26 春		ハコネウツギ 259 樹木
	ナルコユリ 43 春		ハコネオトギリ 184 秋
	ナワシロイチゴ 260 樹木		ハコネギク 176 秋
	ナンテンハギ 206 秋		ハコネクサアジサイ 116 夏
	ナンバンギセル 149 夏		ハコネグミ 250 樹木
	ナンバンハコベ 99 夏		ハコネコメツツジ 226 樹木
ニ	ニオイタチツボスミレ 90 春		ハコネシロカネソウ 19 春
	ニガイチゴ 218 樹木		ハコネスミレ 92 春
	ニガナ 60 春		ハコネトリカブト 188 秋
	ニシキウツギ 259 樹木		ハコネハナヒリノキ 227 樹木
	ニシキギ 234 樹木		ハコネヒヨドリ 171 秋
	ニセアカシア 232 樹木		ハコネラン 124 夏
	ニョイスミレ 93 春		ハシバミ 264 樹木
	ニリンソウ 17 春		ハタザオ 24 春
	ニワトコ 232 樹木		ハナイカダ 240 樹木
	ニンドウ 258 樹木		ハナイカリ 170 秋
ヌ	ヌスビトハギ 207 秋		ハナネコノメ 20 春
	ヌマトラノオ 101 夏		ハナヒリノキ 227 樹木
	ヌマハリイ 211 秋		ハハコグサ 59 春
ネ	ネコノメソウ 20 春		ハバヤマボクチ 201 秋
	ネジバナ 146 夏		バライチゴ 219 樹木
	ネバリノギラン 156 夏		ハリエンジュ 232 樹木
ノ	ノアザミ 198 秋		ハルオミナエシ 35 春
	ノイバラ 220 樹木		ハルザキヤマガラシ 55 春
	ノギラン 156 夏		ハルシオン 40 春
	ノコンギク 176 秋		ハルジオン 40 春
	ノダケモドキ 113 夏		ハルジョオン 40 春
	ノダフジ 261 樹木		ハルトラノオ 25 春
	ノッポロガンクビソウ 181 秋		ハルナユキザサ 46 春
	ノハナショウブ 149 夏		ハルユキノシタ 21 春
	ノハラアザミ 198 秋		ハンカイシオガマ 193 秋
	ノビネチドリ 153 夏		ハンゴンソウ 127 夏
	ノビル 42 春		ハンショウヅル 69 春
	ノブキ 175 秋	ヒ	ヒカゲツツジ 226 樹木
	ノリウツギ 237 樹木		ヒコサンヒメシャラ 244 樹木
ハ	バアソブ 204 秋		ヒゴスミレ 94 春
	バイカウツギ 235 樹木		ヒトツバイチヤクソウ 134 夏
	バイカオウレン 15 春		ヒトツバショウマ 115 夏
	バイケイソウ 118 夏		ヒトツバテンナンショウ 83 春
	ハウチハテンナンショウ 82 春		ヒトリシズカ 29 春
	ハウチワカエデ 275 樹木		ヒナウチハカエデ 274 樹木
	ハエドクソウ 109 夏		ヒナスミレ 94 春
	ハキダメギク 112 夏		ヒナノウスツボ 125 夏

ヒメアカバナ 135 夏
ヒメイワカガミ 67 春
ヒメウズ 16 春
ヒメウツギ 235 樹木
ヒメウワバミソウ 32 春
ヒメオドリコソウ 72 春
ヒメガンクビソウ 182 秋
ヒメガンピ 251 樹木
ヒメキンミズヒキ 185 秋
ヒメシャラ 244 樹木
ヒメジョオン 40 春
ヒメスゲ 155 夏
ヒメハギ 74 春
ヒメヘビイチゴ 130 夏
ヒメヤブラン 145 夏
ヒメレンゲ 57 春
ヒヨドリバナ 171 秋
ビランジ 190 秋
ヒロハコンロンソウ 23 春
ヒロハノツリバナ 233 樹木
ヒロハノミズタマソウ 166 秋
ヒロハヤマトウバナ 169 秋

フ フウチソウ 212 秋
フウリンツツジ 256 樹木
フサザクラ 252 樹木
フジ 261 樹木
フジアカショウマ 114 夏
フジアザミ 198 秋
フジイバラ 221 樹木
フジカンゾウ 207 秋
フシグロセンノウ 190 秋
フジザクラ 216 樹木
フタバアオイ 84 春
フタリシズカ 29 春
フデリンドウ 65 春
フモトスミレ 93 春
フラサバソウ 76 春

ヘ ヘクソカズラ 37 春
ベニイタドリ 124 夏
ベニバナゲンノショウコ 164 秋
ベニバナノックバネウツギ 228 樹木
ベニバナボロギク 203 秋
ベニバナヤマシャクヤク 16 春
ヘビイチゴ 53 春

ホ ホウオウシャジン 152 夏
ボウシバナ 141 夏
ホウチャクソウ 43 春
ホオノキ 213 樹木
ホクロ 47 春
ボケ 260 樹木
ホソエカエデ 271 樹木
ホソエノアザミ 199 秋
ホソバガンクビソウ 181 秋
ホソバシュロソウ 143 夏
ホソバテンナンショウ 83 春
ホソバヨツバヒヨドリ 171 秋
ホソベンアオヤギソウ 143 夏
ホタルカズラ 75 春
ホタルブクロ 151 夏
ボタンヅル 159 秋
ホトトギス 208 秋
ボロギク 127 夏

マ マアザミ 200 秋
マイヅルソウ 45 春
マタタビ 243 樹木
マツカゼソウ 166 秋
マツノハマンネングサ 57 春
マツハダ 225 樹木
マツムシソウ 192 秋
マメグミ 250 樹木
マメザクラ 216 樹木
マユミ 234 樹木
マルバウツギ 235 樹木
マルバコンロンソウ 23 春
マルバスミレ 92 春
マルバダケブキ 126 夏
マルバノイチヤクソウ 97 夏
マルバハギ 262 樹木
マルミノギンリョウソウ 49 春
マルミノヤマゴボウ 141 夏

ミ ミコシグサ 164 秋
ミズ 32 春
ミズキ 239 樹木
ミズタマソウ 166 秋

ミズチドリ 122 夏
ミズナ 32 春
ミズナラ 266 樹木
ミズネコノメソウ 20 春
ミゾソバ 210 秋
ミゾホオズキ 187 秋
ミツバアケビ 253 樹木
ミツバコンロンソウ 23 春
ミツバツチグリ 52 春
ミツバツツジ 254 樹木
ミツマタ 245 樹木
ミツモトソウ 131 夏
ミノボロスゲ 156 夏
ミミガタテンナンショウ 82 春
ミミナグサ 27 春
ミヤコグサ 53 春
ミヤマエンレイソウ 45 春
ミヤマカタバミ 31 春
ミヤマカラマツ 98 夏
ミヤマキケマン 56 春
ミヤマコンギク 176 秋
ミヤマザクラ 216 樹木
ミヤマシキミ 214 樹木
ミヤマタニソバ 165 秋
ミヤマタニタデ 100 夏
ミヤマニガイチゴ 218 樹木
ミヤマニンジン 167 秋
ミヤマネコノメソウ 54 春
ミヤマハタザオ 102 夏
ミヤママタタビ 243 樹木
ミヤマムグラ 105 夏

ム ムシカリ 230 樹木
ムベ 253 樹木
ムラサキケマン 66 春
ムラサキシキブ 263 樹木
ムラサキマムシグサ 83 春

メ メイゲツソウ 124 夏
メギ 246 樹木
メタカラコウ 128 夏
メックバネウツギ 229 樹木
メナモミ 183 秋

モ モウセンゴケ 125 夏
モジズリ 146 夏

モトゲイタヤ 269 樹木
モミジイチゴ 217 樹木
モミジガサ 173 秋
モミジカラマツ 98 夏
モミジハグマ 172 秋
モミジバタテヤマギク 177 秋
モリイチゴ 34 春

ヤ ヤイトバナ 37 春
ヤグルマソウ 116 夏
ヤシャブシ 265 樹木
ヤハズエンドウ 74 春
ヤハズハハコ 111 夏
ヤブウツギ 257 樹木
ヤブタバコ 180 秋
ヤブツバキ 252 樹木
ヤブデマリ 230 樹木
ヤブハギ 207 秋
ヤブヘビイチゴ 53 春
ヤブマメ 206 秋
ヤブミョウガ 167 秋
ヤブムラサキ 263 樹木
ヤブラン 145 夏
ヤブレガサ 112 夏
ヤマアザミ 199 秋
ヤマアジサイ 237 樹木
ヤマウツボ 81 春
ヤマエンゴサク 66 春
ヤマオダマキ 137 夏
ヤマゴボウ 141 夏
ヤマジオウ 140 夏
ヤマシャクヤク 16 春
ヤマゼリ 167 秋
ヤマタツナミソウ 73 春
ヤマツツジ 254 樹木
ヤマツバキ 252 樹木
ヤマテリハノイバラ 221 樹木
ヤマドウシン 222 樹木
ヤマトウバナ 169 秋
ヤマトキソウ 78 春
ヤマトリカブト 188 秋
ヤマネコノメソウ 20 春
ヤマハギ 262 樹木
ヤマハタザオ 24 春

- 283 -

ヤマハッカ 194 秋	ユモトマムシグサ 82 春
ヤマハハコ 111 夏	ユモトマユミ 234 樹木
ヤマハンノキ 264 樹木	ユリワサビ 25 春
ヤマブキ 248 樹木	ヨ ヨウシュヤマゴボウ 141 夏
ヤマブキショウマ 108 夏	ヨゴレネコノメ 54 春
ヤマボウシ 239 樹木	ヨツバヒヨドリ 171 秋
ヤマホタルブクロ 151 夏	ヨツバムグラ 36 春
ヤマホトトギス 208 秋	ラ ランヨウアオイ 85 春
ヤマムグラ 36 春	リ リュウノウギク 178 秋
ヤマユリ 119 夏	リュウノヒゲ 145 夏
ヤマラッキョウ 209 秋	リョウブ 244 樹木
ヤマルリソウ 75 春	リンドウ 191 秋
ユ ユウレイタケ 49 春	レ レンゲショウマ 158 秋
ユオウゴケ 157 夏	ワ ワチガイソウ 28 春
ユキザサ 46 春	ワレモコウ 203 秋
ユキノシタ 21 春	

学 名 索 引

A

Abelia spathulata var. sanguinea　228
Abelia spathulata var. spathulata　228
Abelia tetrasepala　229
Acer amoenum　270
Acer argutum　273
Acer capillipes　271
Acer crataegifolium　274
Acer diabolicum　273
Acer japonicum　275
Acer micranthum　272
Acer palmatum　270
Acer pictum　267
Acer pictum ssp. dissectum　267, 268
Acer pictum ssp. Pictum　267, 269
Acer pictum ssp. Savatieri　267, 269
Acer rufinerve　271
Acer shirasawanum　274
Acer sieboldianum　275
Aconitum japonicum ssp. japonicum　188
Aconitum japonicum var. hakonense　188
Actinidia arguta　243
Actinidia polygama　243
Adenocaulon himalaicum　175
Adenophola takedae　152
Adenophora remotiflora　205
Adenophora triphylla var. japonica　205
Aeginetia sinensis　149
Agrimonia nipponica　185
Agrimonia pilosa var. japonica　185
Ainsliaea acerifolia var.subapoda　172
Ainsliaea apiculata　172
Ajuga decumbens　71
Ajuga japonica　70
Ajuga makinoi　71
Ajuga nipponensis　70
Akebia quinata　253
Akebia trifoliata　253
Alangium plantanifolium
　var. trilobatum　242

Aletris luteoviridis　156
Allium macrostemon　42
Allium thunbergii　209
Alnus firma　265
Alnus hirsuta　264
Alnus sieboldiana　265
Amphicarpaea edgeworthii
　var. edgeworthii　206
Amphicarpaea edgeworthii
　var. trisperma　206
Anaphalis sinica　111
Anemone flaccida　17
Anemone pseudo altaica　14
Anemonopsis macrophylla　158
Angelica hakonensis　113
Angelica pubescens　113
Aquilegia adoxoides　16
Aquilegia buergeriana　137
Arabis hirsuta　24
Arabis lyrata ssp. kamchatica　102
Arabis serrata var. shikokiana　24
Arisaema angustatum　83
Arisaema limbatum　82
Arisaema monophyllum　83
Arisaema nikoense　82
Arisaema serratum　83
Arisaema serratum
　form. viridescens　83
Aristolochia kaempferi
　var. kaempferi　62
Aristolochis kaempferi
　var. tanzawana　62
Aruncus dioicus　108
Asarum caulescens　84
Asiasarum sieboldii　84
Aster ageratoides
　var. ageratoides　178
Aster dimorphophyllus　177
Aster microcephalus var. ovatus　176
Aster scaber　177

Aster viscidulus 176
Astilbe microphylla 115
Astilbe simplicifolia 115
Astilbe thunbergii
　　var. fujisannensis 114
Astilbe thunbergii
　　var. thunbergii 114
Aucuba japonica 240

B
Barbarea vulgaris 55
Benthamidia japonica 239
Berberis thunbergii 246
Bistorta tenuicaulis 25
Boehmeria spicata 263
Boenninghausenia japonica 166

C
Caesalpinia decapetala
　　var. japonica 249
Calanthe discolor 47
Callicarpa japonica 263
Camellia japonica 252
Campanula punctata
　　var. hondoensis 151
Cardamine anemonoides 23
Cardamine flexuosa 22
Cardamine scutata 22
Cardamine tanakae 23
Cardiandra alternifolia
　　var. alternifolia 116
Cardiandra alternifolia
　　var. hakonensis 116
Cardiocrinum cordatum 118
Carex albata 156
Carex doenitzii 155
Carex oxyandra 155
Carpesium abrotanoides 180
Carpesium cernuum 180
Carpesium divaricatum
　　var. divaricatum 181
Carpesiumdivaricatum
　　var.abrotanoides 181

Carpesium rosulatum 182
Cephalanthera erecta
　　var. erecta 48
Cephalanthera falcata 61
Cephalanthera longibracteata 48
Cerastium fontanum 27
Cerastium glomeratum 27
Chaenomeles japonica 260
Chamaele decumbens 34
Chelidonium majus 56
Chloranthus japonicus 29
Chloranthus serratus 29
Chondradenia fauriei 121
Chrysosplenium album
　　var. stamineum 20
Chrysosplenium grayanum 20
Chrysosplenium japonicum 20
Chrysosplenium macrostemon
　　var. atrandrum 54
Chrysosplenium macrostemon
　　var. macrostemon 54
Cimicifuga japonica 160
Cimicifuga simplex 160
Circaea alpina 100
Circaea erubescens 136
Circaea mollis 166
Cirsium microspicatum 199
Cirsium nipponicum
　　var. incomptum 200
Cirsium oligophyllum 198
Cirsium purpuratum 198
Cirsium sieboldii 200
Cirsium tenuipedunculatum 199
Cladonia theiophila 157
Clematis apiifolia var. apiifolia 159
Clematis apiifolia
　　var. biternata 159
Clematis japonica
　　var. japonica 69
Clematis stans 189
Clematis terniflora 159
Clematis tosaensis 18
Clematis williamsii 18

Clethra barbinervis 244
Clinopodium chinense
　　subsp.Grandiflorum
　　var. parviflorum 195
Clinopodium latifolium 169
Clinopodium micranthum 197
Clinopodium multicaure 169
Codonopsis lanceolata 204
Codonopsis ussuriensis 204
Commelina communis 141
Conandron ramondioides
　　var. pilosum 148
Conandron ramondioides
　　var. ramondioides 148
Coptis lutescens 15
Coptis quinquefolia 15
Corydalis decumbens 66
Corydalis incisa 66
Corydalis pallida var. tenuis 56
Corylus sieboldiana 264
Crassocephalum crepidioides 203
Croomia heterosepala 26
Cucubalus baccifer
　　var. japonicus 99
Cymbidium goeringii 47
Cynanchum caudatum
　　var. tanzawamontanum 108

D
D. oldhamii 207
Daphne pseudomezereum 245
Deinanthe bifida 117
Dendranthema japonicum 178
Desmodium mandshuricum 207
Desmodium oxyphyllum 207
Deutzia crenata 235
Deutzia scabra 235
Dichocarpum hakonense 19
Dichocarpum stoloniferum 19
Dichocarpum trachyspermum 19
Diplomorpha pauciflora 251
Disporum sessile 43
Disporum smilacinum 43

Drosera rotundifolia 125
Duchesnea chrysantha 53
Duchesnea indica 53

E
Edgeworthia chrysantha 245
Elaegnus matsunoana 250
Elaegnus montana 250
Elatostema umbellatum
　　var. majus 32
Elatostema umbellatum
　　var. umbellatum 32
Eleocharis parvinux 211
Elsholtzia ciliata 195
Enkianthus campanulatus 256
Enkianthus campanulatus
　　form. albiflorus 256
Ephippianthus sawadanus 124
Epilobium amurense 135
Epilobium cephalostigma 135
Epipactis thunbergii 132
Erigeron philadelphicus 40
Erythronium japonicum 63
Euonymus alatus 234
Euonymus macropterus 233
Euonymus oxyphyllus 233
Euonymus sieboldianus
　　var. sanguinens 234
Euonymus sieboldianus
　　var. sieboldianus 234
Eupatorium glehnii
　　var. hakonense 171
Eupatorium makinoi 171
Euphorbia lasiocaula 80
Euphorbia sieboldiana 80
Euptelea polyandra 252

F
Filipendula multijuga 137
Fragaria nipponica 34

G
Galeola septantrionalis 79

Galinsoga quadriradiata　112
Galium kinuta　105
Galium paradoxum　105
Galium pogonanthum　36
Galium trachyspermum　36
Galium trifloriforme
　var. nipponicum　104
Galium trifloriforme
　var. trifloriforme　104
Galium verum var. asiaticum　102
Gastrodia elata form. pallens　154
Gentiana scabra var. buergeri　191
Gentiana squarrosa　65
Gentiana zollingeri　65
Geranium krameri　189
Geranium nepalense
　var. thunbergii　164
Geranium nepalense
　var. thunbergii form.roseum　164
Geranium tripartitum　165
Geum japonicum　131
Glechoma hederacea　74
Gnaphalium affine　59
Gymnadenia camtschatica　153

H
Hakonechloa macra　212
Halenia corniculata　170
Heloniopsis orientalis
　ssp. breviscapa　42
Helwingia japonica　240
Heterotropa blumei　85
Heterotropa nipponica　85
Heterotropa savatieri
　subsp. pseudosavatieri　86
Heterotropa savatieri
　subsp. Savatieri　86
Hosta longipes　144
Hosta sieboldiana　144
Hosta sieboldii　144
Houttuynia cordata　35
Hydrangea hirta　237
Hydrangea involucrata　238

Hydrangea paniculata　237
Hydrangea petiolaris　236
Hydrangea scanders　238
Hydrangea serrata　237
Hypericum erectum　184
Hypericum hakonense
　form. Hakonense　184
Hypericum hakonense
　form. Imperforatum　184
Hypericum kiusianum　183

I
Illicium anisatum　215
Impatiens noli-tangere　132
Impatiens textorii　138
Indigofera pseudotinctoria　138
Inula salicina var. asiatica　179
Iris ensata var. spontanea　149
Illicium anisatum　215
Impatiens noli-tangere　132
Impatiens textorii　138
Indigofera pseudotinctoria　138
Inula salicina var. asiatica　179
Iris ensata var. spontanea　149
Isodon effusus　196
Isodon inflexus　194
Isodon umbrosus
　var. leucanthus　194
Isodon umbrosus
　var. umbrosus　194
Ixeris debilis　60
Ixeris dentata　60
Ixeris stolonifera　60

J
Justicia procumbens
　var. leucantha　197

K
Keiskea japonica　170
Kerria japonica　243

L

L. muscari 145
Lamium album var. barbatum 72
Lamium humile 140
Lamium purpureum 72
Lathraea japonica 81
Leibnitzia anandria 26
Leontopodium japonicum 110
Lespedeza bicolor 262
Lespedeza buergeri 262
Lespedeza cyrtobotrya 262
Leucosceptrum japonicum 186
Leucothoe grayana var. venosa 227
Leucothoe keiskei 227
Ligularia dentata 126
Ligularia stenocephala 128
Lilium auratum 119
Lilium leichtlinii
　var. maximowiczii 146
Lilium medeoloides 142
Lindera obtusiloba 247
Lindera praecox 247
Lindera umbellata 247
Liparis kumokiri 123
Liparis makinoana 78
Liriope minor 145
Lithospermum zollingeri 75
Lobelia sessiliforia 150
Lonicera gracilipes
　var. glabra 258
Lonicera japonica 258
Lonicera ramosissima 258
Lotus corniculatus
　var. corniculatus 53
Lotus corniculatus
　var. japonicus 53
Lychnis miqueliana 190
Lycoris sanguinea 210
Lysimachia clethroides 101
Lysimachia fortunei 101
Lysimachia japonica 61
Lysimachia vulgaris
　var. davurica 129

M

Macleaya cordata 109
Magnolia hypoleuca 213
Magnolia praecocissima 213
Maianthemum dilatatum 45
Mimulus nepalensis
　var. japonicus 187
Miricacalia makinoana 182
Mitchella undulata 103
Monotropastrum humile 49
Myrmechis japonica 120

N

Nanocnide japonica 31
Neottia nidus-avis
　var. mandshurica 79

O

O. japonicus 145
Omphalodes japonica 75
Ophiopogon planiscapus 145
Oplismenus undulatifolius 212
Orixa japonica 214
Ostericum sieboldii 167
Oxalis acetosella 30
Oxalis griffithii
　var. kantoensis 31

P

Paederia scandens 37
Paeonia japonica 16
Paeonia obovata 16
Panax japonicus 119
Parasenecio delphiniifolius 173
Parasenecio maximowiczianus 111
Parasenecio tebakoensis 173
Paris tetraphylla 44
Paris verticillata 44
Parnassia foliosa
　var. nummularia 162
Parnassia palustris 162
Patrinia scabiosifolia 187
Patrinia triloba var. palmata 129

Patrinia villosa 161
Pedicularis gloriosa 193
Pedicularis resupinata
　var. oppositifolia 193
Peracarpa carnosa
　var. circaeoides 38
Persicaria debilis 165
Persicaria longiseta 136
Persicaria thunbergii
　var. hastatotriloba 210
Pertya glabrescens 174
Pertya robusta 175
Pertya scandens 174
Phacellanthus tubiflorus 117
Phyrma leptostachya
　var. asiatica 109
Phyrma leptostachya
　var. oblongifolia 109
Physaliastrum echinatum 107
Physaliastrum japonicum 107
Phytolacca japonica 141
Picris hieracioides 128
Pieris japonica 224
Plantago asiatica 41
Platanthera hologlottis 122
Platanthera sachalinensis 122
Pogonia japonica 77
Pogonia minor 78
Pollia japonica 167
Polygala japonica 74
Polygonatum falcatum 43
Ponerorchis graminifolia 153
Potentilla cryptotaeniae 131
Potentilla centigrana 130
Potentilla dickinsii 130
Potentilla freyniana 52
Potentilla sprengeliana 51
Potentilla storonifera 50
Potentilla yokusaiana 52
Pourthiaea villosa 224
Primula reinii 68
Prunella vulgaris
　subsp. asiatica 139

Prunus grayana 217
Prunus incisa 216
Prunus maximowiczii 216
Pseudopyxis heterophylla 37
Pseudostellaria heterantha 28
Pternopetalum tanakae 33
Pterocarya rhoifolia 266
Pulsatilla cernua 69
Pyrola japonica 97
Pyrola japonica
　var. subaphylla 134
Pyrola nephrophylla 97

Q
Quercus crispula 266

R
Ranunculus japonicus 55
Reynoutria japonica 124
Rhododendron tsusiophyllum 226
Rhododendron dilatatum 254
Rhododendron kaempferi 254
Rhododendron keiskei 226
Rhododendron quinquefolium 225
Rhododendron wadanum 255
Robinia pseudoacacia 232
Rodgersia podophylla 116
Rosa fujisanensis 221
Rosa hirtula 220
Rosa luciae 221
Rosa multiflora 220
Rosa onoei var. oligantha 221
Rubia argyi 106
Rubia chinensis 106
Rubus hirsutus 219
Rubus illecebrosus 219
Rubus koehneanus 218
Rubus microphyllus 218
Rubus palmatus
　var. coptophyllus 217
Rubus parvifolius 260

S
S. macrophylla 239
Sagina procumbens 28
Salvia japonica 196
Salvia lutescens
　var. intermedia 140
Salvia nipponica 186
Sambucus racemosa 232
Sanguisorba officinalis 203
Saussurea hisauchii 202
Saussurea sawadae 202
Saxifraga fortunei
　var. incisolobata 163
Saxifraga nipponica 21
Saxifraga stolonifera 21
Scabiosa japonica
　var. lasiophylla 192
Schizocodon ilicifolius
　var. australis 67
Schizophragma hydrangeoides 236
Scilla scilloides 209
Scrophularia duplicato serrata 125
Scutellaria brachyspica 73
Scutellaria pekinensis
　var. transitra 73
Sedum hakonense 57
Sedum subtile 57
Senecio cannabifolius 127
Senecio nemorensis 127
Senecio nikoensis 127
Serratula coronata
　subsp. Insularis 201
Sigesbeckia pubescens 183
Silene keiskei var. minor 190
Skimmia japonica
　var. intermedia 214
Skimmia japonica
　var. japonica 214
Smilacina japonica 46
Smilacina robusta 46
Smilax china 215
Solidago virgaurea
　ssp. asiatica 179

Sorbus commixta 223
Spiraea japonica 261
Spiranthes sinensis var. amoena 146
Stachys riederi var. hispidula 139
Stachyurus praecox 246
Stellaria diversiflora 99
Stenactis annuus 40
Stephanandra incisa 222
Stephanandra tanakae 222
Stewartia serrata 244
Styrax japonicus 241
Swertia bimaculata 168
Swertia japonica 168
Swida controversa 239
Syneilesis palmata 112
Synurus pungens 201

T
Taraxacum officinale 58
Taraxacum venustum 58
Thalictrum filamentosum
　var. tenerum 98
Thalictrum minus
　var. hypoleucum 161
Tilia japonica 251
Trachelospermum asiaticum 242
Trautvetteria caroliniensis
　var. japonica 98
Tricyrtis hirta 208
Tricyrtis ishiiana var. ishiiana 133
Tricyrtis ishiiana var. surugensis 133
Tricyrtis latifolia 133
Tricyrtis macropoda 208
Trifolium repens 41
Trigonotis peduncularis 76
Trillium smallii 64
Trillium tschonoskii 45
Tripterospermum japonicum 191
Tulotis ussuriensis 123

V
Vaccinium smalii var. glabrum 257
Valeriana flaccidissima 35

Veratrum grandiflorum
　var. grandiflorum　118
Veratrum grandiflorum
　var. maximum　118
Veratrum maackii
　var. reymondianum
　form. polyphyllum　143
Veratrum maackii
　var. maackii form. virescens　143
Veratrum maackii
　var. maackii　143
Veratrum maackii
　var. reymondianum　143
Veronica arvensis　76
Veronica miqueliana　39
Veronicastrum japonicum　147
Viburnum erosum
　var. punctatum　231
Viburnum furcatum　230
Viburnum plicatum
　var. tomentosum　230
Viburnum wrightii
　var. stipellatum　231
Vicia angustifolia　74
Vicia unijuga　206
Viola acuminata　90
Viola bissetii　95
Viola eizanensis　94
Viola grypoceras
　form. albiflora　89
Viola grypoceras
　form. purpurellocalcarata　89

Viola grypoceras (1)　87
Viola grypoceras (2)〜(5)　88
Viola hondoensis　91
Viola keiskei form. ckuboi　92
Viola mandshurica　87
Viola obtusa　90
Viola phalacrocarpa　96
Viola phalacrocarpa
　form. glaberrima　96
Viola pumilio　93
Viola rossii　95
Viola shikokiana　92
Viola takedana　94
Viola toukaiensis　91
Viola verecunda　93

W

Wasabia tenuis　25
Weigela coraeensis　259
Weigela decora　259
Weigela floribunda　257
Weigela maximowiczii　249
Wisteria floribunda　261

Y

Yoania amagiensis　154
Youngia japonica　59

Z

Zanthoxylum piperitum　248

参 考 文 献

- 『神奈川県植物誌2001』－神奈川県立生命の星・地球博物館
- 『神奈川県レッドデータ生物調査報告書2006』－神奈川県立生命の星・地球博物館
- 『写真で見る神奈川の植物』－神奈川県立生命の星・地球博物館
- 『フォッサ・マグナ要素の植物』－神奈川県立生命の星・地球博物館
- 『植物の世界』－朝日新聞社
- 『原色日本植物図鑑』草本編Ⅰ～Ⅲ－北村四郎・村田源、ほか著
- 『原色日本植物図鑑』木本編Ⅰ・Ⅱ－北村四郎・村田源、ほか著
- 『牧野新日本植物図鑑』－牧野富太郎著
- 『樹木図鑑』－高橋秀夫校閲
- 『樹木大図鑑』－平野隆久著
- 『樹[春夏編]木』－永田芳男著
- 『樹[秋冬編]木』－永田芳男著
- 『山に咲く花』－永田芳雄・畔上能力著
- 『野に咲く花』－永田芳雄・畔上能力著
- 『日本の高山植物』－編者・豊国秀夫
- 『春の山野草と樹木512種』－監修　林弥栄、ほか著
- 『夏の山野草と樹木550種』－監修　林弥栄、ほか著
- 『秋の山野草と樹木505種』－監修　林弥栄、ほか著
- 『日本帰化植物写真図鑑』－清水矩宏／森田弘彦／廣田伸七編・著
- 『山野草カラー百科』－主婦の友社
- 『野草の名前・春』－高橋勝雄著
- 『野草の名前・夏』－高橋勝雄著
- 『野草の名前・秋冬』－高橋勝雄著
- 『植物名の由来』－中村浩著
- 『木の名の由来』－深津正・小林義雄著
- 『植物和名の語源』－深津正著
- 『植物用語事典』－清水建美著
- 『万葉集　上』－折口信夫訳
- 『万葉集　下』－折口信夫訳

あとがき

　この2年間で、真夏の丹沢主脈・主稜を6回訪れ、延べ2週間ほど縦走しました。山頂までの登りは何処から登ってもまさに灼熱地獄で、いくら拭いても吹き出る汗に、全身水を浴びたようにびしょ濡れとなった。山頂から陽が隠れる頃、さすがに吹く風も涼しくなり、山小屋は別荘地となる。早朝の稜線歩きは快適でしたが、日が昇るにつれ日差しは強く肌を刺し、風がないとむっとする空気が鼻を包む。それでもお目当ての花に会えたときは感激で暑さなど吹き飛んだ。困ったのは、写真を撮るときにファインダーが汗で曇るだけでなく、小さな虫がファインダーに取り付き見えなくなることでした。

　下山する時には両手両足は虫に刺されでぶくぶくでした。今から思えば楽しい思い出ですが。それにしても、この2年間ヤマビルに襲われたことが一度も無かったことは幸いでした。

　日々忙しい中、苦労をいとわず、開花のチャンスを逃さぬように、又、気に入った写真が撮れるまで、何度も何度も山中に足を運んでくれた仲間の方々に心から感謝申し上げます。

馬場　紀一

編　集：神奈川県自然公園指導員連絡会
　　　　本稿編著：馬場紀一
　　　　編集委員：馬場紀一、森本裕、安井彪、会本政徳、堀内澄子、
　　　　　　　　　渡邊吉一

協　力：勝山輝男（神奈川県立生命の星・地球博物館学芸員）
　　　　田村　淳（神奈川県自然環境保全センター主任研究員）

写真提供並びに協力者（順不同）
　　　　馬場紀一、森本裕、堀内澄子、安井彪、会本政徳、佐藤俊治、
　　　　工藤順子、五十嵐郁夫、谷上俊三、塚本清治、浦野聡、金子昇、
　　　　山路洋護、堀内弘栄、多田征司、正重勤、下田明、杉山正明、
　　　　島村政夫、小松虎二、吉田富夫、塩沢徳夫、草野延孝、
　　　　根本秀嗣、長澤展子、渡邊吉一

協力いただいた諸機関、団体、並びに山荘（敬称略）
　　　－神奈川県自然環境保全センター
　　　－神奈川県自然環境保全センター箱根出張所
　　　－環境省箱根ビジターセンター
　　　－㈶神奈川県公園協会
　　　－丹沢湖ビジターセンター
　　　－秦野ビジターセンター
　　　－宮ヶ瀬ビジターセンター
　　　－神奈川県箱根町立湿生花園
　　　－尊仏山荘（塔ノ岳）
　　　－みやま山荘（丹沢山）
　　　－蛭ヶ岳山荘（蛭ヶ岳）
　　　－青ヶ岳山荘（檜洞丸）
　　　－鍋割山荘（鍋割山）
　　　－秦野戸川公園どんぐりハウス

表紙デザイン
　パッチワーク：堀内澄子：神奈川県自然公園指導員連絡会
　　　　　　　　　　　　　NPO法人みろく山の会
　同上写真撮影：谷口デザイン
　花　の　名　前：クルマユリ、イワシャジン、オノエラン、
　　　　　　　　　サガミジョウロウホトトギス、エイザンスミレ
マップ及び用語図解：森本裕

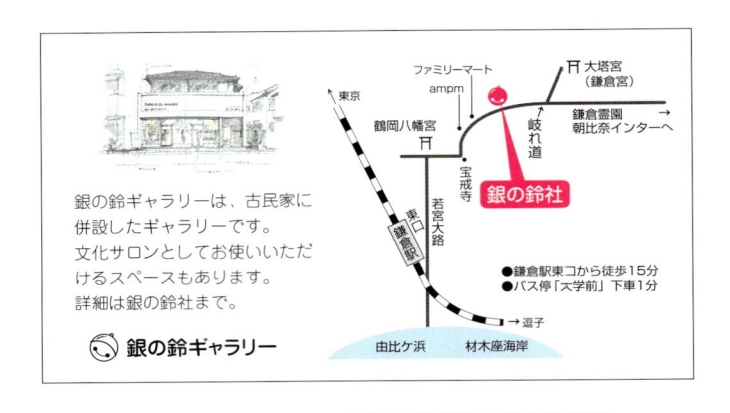

銀の鈴ギャラリーは、古民家に
併設したギャラリーです。
文化サロンとしてお使いいただ
けるスペースもあります。
詳細は銀の鈴社まで。

銀の鈴ギャラリー

●鎌倉駅東口から徒歩15分
●バス停「大学前」下車1分

```
NDC 471
神奈川　銀の鈴社　2010
296 P　18.8 cm（かながわの山に咲く花）
```

かながわの山に咲く花

2009年7月7日　初版　　2010年6月5日　初版2刷

編　集　神奈川県自然公園指導員連絡会
協　力　神奈川県自然環境保全センター
発行者　柴崎聡・西野真由美
発　行　(株)銀の鈴社　　川端文学研究会事務局（日本学術会議登録団体）
　　　　　Ginnosuzusha Co.,ltd.　SLBC（学校図書館ブッククラブ）会員
　　　　　　　　　　　　　　　全国学校図書館協議会加盟出版社

〒248-0005　神奈川県鎌倉市雪ノ下3-8-33
Tel：0467-61-1930　　Fax：0467-61-1931
URL　http://www.ginsuzu.com　E-mail　info@ginsuzu.com

印刷／電算印刷　製本／渋谷文泉閣
＜落丁・乱丁本はお取り替えいたします＞

ISBN978-4-87786-794-2　C0640　定価2,415円：本体2,300円＋税

県立陣馬相模湖自然公園

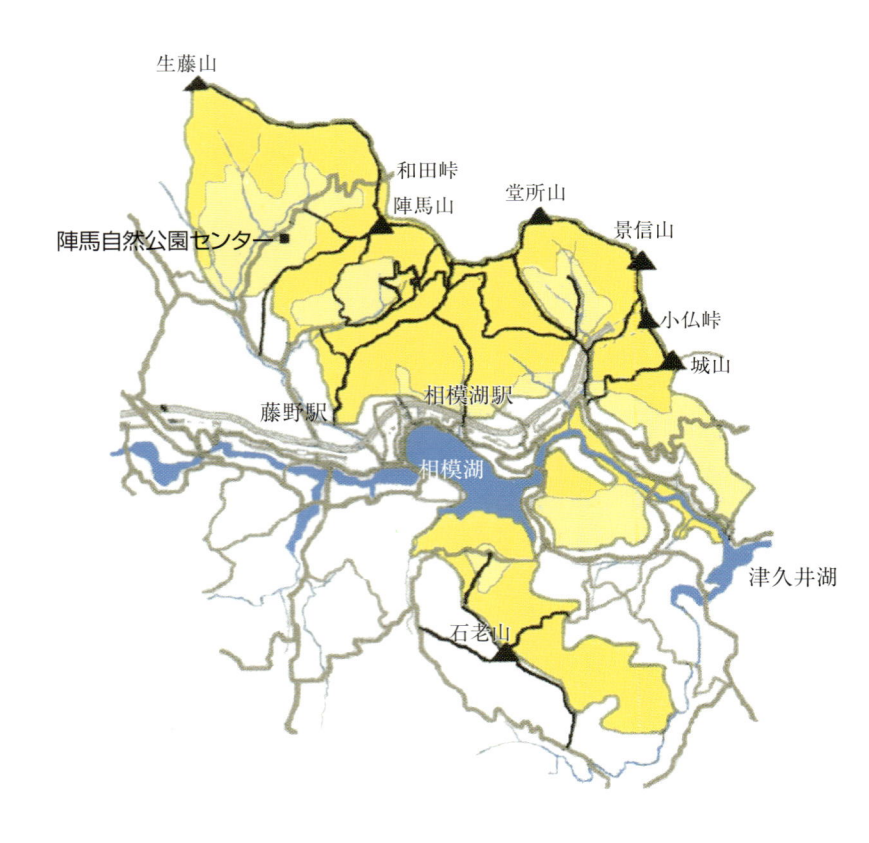

- 生藤山
- 和田峠
- 陣馬山
- 堂所山
- 景信山
- 陣馬自然公園センター
- 小仏峠
- 城山
- 藤野駅
- 相模湖駅
- 相模湖
- 津久井湖
- 石老山